U0194479

编 委 会

高职高专项目导向系列教材

小型电子产品的组装与调试

吴　巍　主　编
陆晶晶　副主编
刘　彬　主　审

化学工业出版社

·北京·

本书以两个电子产品作为载体，通过超外差收音机的组装与调试、数字钟的制作与调试两个学习情境，介绍电子元器件的识别与测试、电路图的识读、焊接技术的学习和提高、整机电路的组装和调试、整机电路的故障分析和排除等几个学习任务，每个学习任务中都有实施和考核的具体内容，有助于知识技能的掌握和提高。本书深入浅出地讲解了电子技术中需要掌握的几种基本技能和必要的理论知识，内容通俗易懂，符合初学者的认知规律。

本书适合作为高职高专电子类相关专业的基础课教材，也特别适合作为从事电子生产和维修工作人员的培训和自学用书。

图书在版编目（CIP）数据

小型电子产品的组装与调试/吴巍主编. —北京：化学工业出版社，2012.8（2023.2重印）
高职高专项目导向系列教材
ISBN 978-7-122-14889-6

Ⅰ.①小… Ⅱ.①吴… Ⅲ.①电子产品-组装②电子产品-调试方法 Ⅳ.①TN05②TN06

中国版本图书馆 CIP 数据核字（2012）第 161631 号

责任编辑：廉　静　　文字编辑：张燕文
责任校对：徐贞珍　　装帧设计：刘丽华

出版发行：化学工业出版社（北京市东城区青年湖南街 13 号　邮政编码 100011）
印　　装：北京天宇星印刷厂
787mm×1092mm　1/16　印张 7½　字数 174 千字　2023 年 2 月北京第 1 版第 3 次印刷

购书咨询：010-64518888　　售后服务：010-64518899
网　　址：http://www.cip.com.cn
凡购买本书，如有缺损质量问题，本社销售中心负责调换。

定　　价：24.00 元

序

辽宁石化职业技术学院是于2002年经辽宁省政府审批，辽宁省教育厅与中国石油锦州石化公司联合创办的与石化产业紧密对接的独立高职院校，2010年被确定为首批“国家骨干高职立项建设学校”。多年来，学院深入探索教育教学改革，不断创新人才培养模式。

2007年，以于雷教授《高等职业教育工学结合人才培养模式理论与实践》报告为引领，学院正式启动工学结合教学改革，评选出10名工学结合教学改革能手，奠定了项目化教材建设的人才基础。

2008年，制定7个专业工学结合人才培养方案，确立21门工学结合改革课程，建设13门特色校本教材，完成了项目化教材建设的初步探索。

2009年，伴随辽宁省示范校建设，依托校企合作体制机制优势，多元化投资建成特色产学研实训基地，提供了项目化教材内容实施的环境保障。

2010年，以戴士弘教授《高职课程的能力本位项目化改造》报告为切入点，广大教师进一步解放思想、更新观念，全面进行项目化课程改造，确立了项目化教材建设的指导理念。

2011年，围绕国家骨干校建设，学院聘请李学锋教授对教师系统培训“基于工作过程系统化的高职课程开发理论”，校企专家共同构建工学结合课程体系，骨干校各重点建设专业分别形成了符合各自实际、突出各自特色的人才培养模式，并全面开展专业核心课程和带动课程的项目导向教材建设工作。

学院整体规划建设的“项目导向系列教材”包括骨干校5个重点建设专业（石油化工生产技术、炼油技术、化工设备维修技术、生产过程自动化技术、工业分析与检验）的专业标准与课程标准，以及52门课程的项目导向教材。该系列教材体现了当前高等职业教育先进的教育理念，具体体现在以下几点：

在整体设计上，摈弃了学科本位的学术理论中心设计，采用了社会本位的岗位工作任务流程中心设计，保证了教材的职业性；

在内容编排上，以对行业、企业、岗位的调研为基础，以对职业岗位群的责任、任务、工作流程分析为依据，以实际操作的工作任务为载体组织内容，增加了社会需要的新工艺、新技术、新规范、新理念，保证了教材的实用性；

在教学实施上，以学生的能力发展为本位，以实训条件和网络课程资源为手段，融教、学、做为一体，实现了基础理论、职业素质、操作能力同步，保证了教材的有效性；

在课堂评价上，着重过程性评价，弱化终结性评价，把评价作为提升再学习效能的反馈工具，保证了教材的科学性。

目前，该系列校本教材经过校内应用已收到了满意的教学效果，并已应用到企业员工培训工作中，受到了企业工程技术人员的高度评价，希望能够正式出版。根据他们的建议及实际使用效果，学院组织任课教师、企业专家和出版社编辑，对教材内容和形式再次进行了论证、修改和完善，予以整体立项出版，既是对我院几年来教育教学改革成果的一次总结，也希望能够对兄弟院校的教学改革和行业企业的员工培训有所助益。

感谢长期以来关心和支持我院教育教学改革的各位专家与同仁，感谢全体教职员工的辛勤工作，感谢化学工业出版社的大力支持。欢迎大家对我们的教学改革和本次出版的系列教材提出宝贵意见，以便持续改进。

辽宁石化职业技术学院　院长

2012 年春于锦州

前言

根据国家骨干校建设的需要，我们以全新的视角和手法编写了《小型电子产品的组装与调试》，弥补了传统教材在电子技能训练方面缺乏系统性和可操作性的不足，体现了“基于工作过程系统化”的课程开发和设计理念。

在编写过程中，重视职业教育的特点，突出应用性、针对性，加强实践能力的培养。内容叙述力求深入浅出，将知识点与能力训练有机结合，注意培养学生的实际动手能力和解决实际问题的能力；在内容编排上，力求简洁、形式新颖、目标明确，有利于促进学生的求知欲和学习的主动性。

本教材以电子产品为教学载体，设计两个学习情境，每个学习情境都把电子产品的实现过程设定为若干学习任务。教材中通过大量的图形、表格来展示知识点，体现了结构模块化、技能系统化、内容弹性化和版面图表化的特点。

通过本教材的学习，学生可以获得电子产品制作的基本知识和初步的实践训练，并可以获得制作简单电子产品的能力。既能对电子产品制作的工艺加深了解，使自己的制作水平有所提高，又能拓展有关方面的理论知识，达到理论联系实际的目的。

本教材由辽宁石化职业技术学院吴巍老师主编，辽宁石化职业技术学院陆晶晶担任副主编，陈秀华老师参加编写，由辽宁石化职业技术学院刘彬老师主审。本教材在编写过程中还得到了院领导和教务处、自动化系的相关教师的大力支持，在此特别表示感谢。

由于编者水平所限，书中难免存在不妥之处，恳请同行及读者批评指正。

编　者

目录

学习情境一

超外差收音机的组装与调试

【情境描述】

本学习情境完成的是七管超外差收音机的组装与调试的工作过程。首先要求每名同学对自己套件中的各器件进行识别并按照测试要求对元件进行检测，保证所用元件的完好性；然后每名同学要对整机电路的各组成电路能够进行正确分析，掌握整机的工作过程；另外每名同学都要熟练掌握手工焊接技术，在此基础上结合具体的装焊要求对整机进行组装；最后每名同学对自己组装的收音机进行故障排除和整机调试，使收音机各项指标符合功能参数要求，保证产品正常使用。

任务一　电子元器件的识别与检测

【任务描述】

正确识别情境电路中各种电子元器件，了解其基本结构，掌握其主要功能和特点，并能利用万用表对元器件进行正确的检测。

【知识链接】

一、电阻的识别与检测

导体材料对电流通过的阻碍作用称为“电阻”。利用这种阻碍作用做成的元件称为电阻器。在电子产品中使用最多的是电阻的分压、降压、分流、限流、滤波（与电容组合）和阻抗匹配。

表 1-1 所示的是情境电路收音机中的所有电阻类元器件。同学可从套件中根据器件的序号和色环颜色加以区分，再结合本任务内容来加深认识。

表 1-1　情境电路收音机中电阻类元器件

序号	图　例	功率	色环	序号	图　例	功率	色环
R_1		1/8W	棕黑黄金	R_5		1/8W	棕绿棕金
R_2		1/8W	红黑红金	R_6		1/8W	蓝红橙金
R_3		1/8W	棕黑棕金	R_7		1/8W	绿棕黑金
R_4		1/8W	红黑橙金	R_8		1/8W	棕黑红金

续表

序号	图　例	功率	色环	序号	图　例	功率	色环
R_9		1/8W	蓝灰棕金	R_{13}		1/8W	红黄橙金
R_{10}		1/8W	绿棕橙金	W	5kΩ		
R_{11}		1/8W	棕黑红金				
R_{12}		1/8W	红红棕金				

（一）常见电阻的种类

1. 电阻的分类

电阻按结构形式可分为固定电阻器和可调电阻器两大类。

（1）固定电阻器　电阻值是固定不变的，阻值大小就是它的标称阻值。其种类有碳膜电阻、金属膜电阻、合成膜电阻和线绕电阻等。

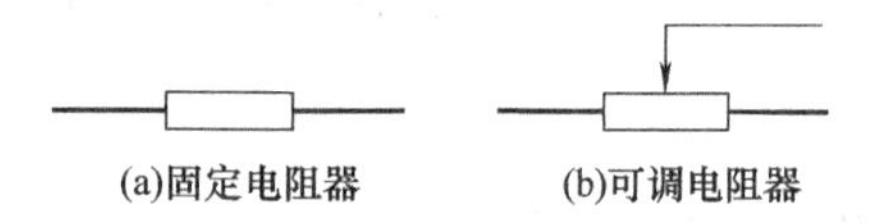

图 1-1　常见电阻器的符号

（2）可调电阻器　电阻值可以在小于标称值的范围内变化，也可称为电位器或滑动变阻器。情境电路中的音量控制电阻 W 就是这种元件。

2. 常见电阻器的符号

常见电阻器的符号如图 1-1 所示。

（二）电阻的主要参数

电阻的主要参数有标称阻值、阻值误差和额定功率。

1. 标称阻值

标称阻值是指电阻表面所标识的阻值，基本单位是欧姆，简称欧（Ω）。除欧姆外，常用单位还有千欧（kΩ）和兆欧（MΩ）。其表示方法有直标法、文字符号法、色标法。本情境电路中电阻采用的是色标法。

色标法：用不同颜色的色环或色点在电阻器表面标出标称值和允许误差。一般小功率电阻器使用。

普通电阻用 4 条色环表示电阻及误差，其中 3 条表示阻值，1 条表示误差，如图 1-2 所示，色环电阻颜色标记表示数值见表 1-2。

四环电阻阻值＝第一、二色环有效数值组成的两位数×第三色环表示的倍率（10^n）

表 1-2　色环电阻颜色标记

颜色	黑	棕	红	橙	黄	绿	蓝	紫	灰	白	金	银	无色
有效数值	0	1	2	3	4	5	6	7	8	9			
倍率	10^0	10^1	10^2	10^3	10^4	10^5	10^6	10^7	10^8	10^9	10^{-1}	10^{-2}	
允许误差		±1%	±2%			±0.5%	±0.25%	±0.1%			±5%	±10%	±20%

组装超外差收音机中 R_6 电阻上的色环依次为蓝、红、橙、金，识别其阻值，如图 1-3 所示。

查表 1-2 可知第一蓝环表示有效数值为 6，第二红环表示有效数值为 2，第三橙环表示

倍率为 10^3，第四金环表示允许误差为±5%。根据阻值计算式可得，6 与 2 组成 62 乘以 10^3 即为 62000，从而识别出该电阻为 62kΩ±5%的电阻器。

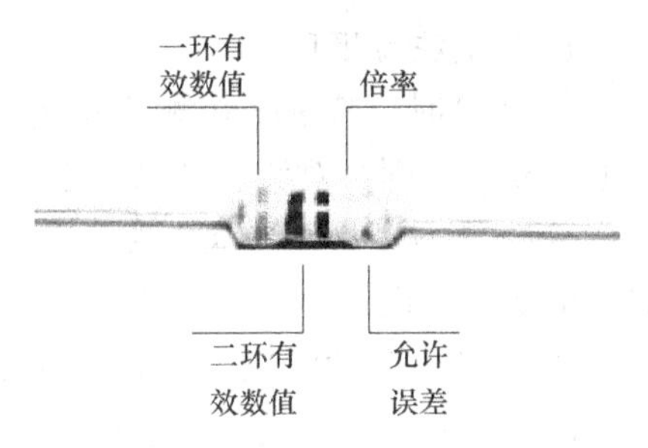

图 1-2　四环电阻色环表示说明

图 1-3　四环电阻

2. 阻值误差

电阻器的实际阻值并不完全与标称阻值相符，存在着误差。误差在色环电阻中也用色环表示，具体可参照表 1-2 判断。

3. 额定功率

在电流流过时，电阻便会发热，而温度过高时电阻将会因功率不够而烧毁，所以不但要选择合适的电阻值，而且还要正确选择电阻额定功率。

在电路图中，不加功率标注的电阻通常为 1/8W，本次组装超外差收音机的电阻全部为 1/8W。如果电路对电阻的功率值有特殊要求，则标注相应符号，或用文字说明，如图 1-4 所示。在实际应用中，不同功率电阻的体积是不同的，一般地，电阻的功率越大体积就越大。

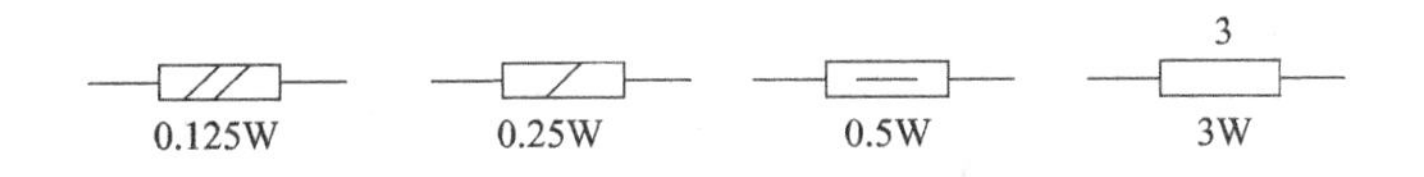

图 1-4　电阻功率标注

注：大于 1W 用数字表示。

（三）实际电阻的检测

1. 调零

将万用表的功能选择开关转到适当量程的电阻挡，先调零。将两根表笔短接，调节欧姆挡调零旋钮，使表头指针指向“0”刻度，然后再进行测量。注意在测量中每次变换量程，都必须重新调零后再使用。

2. 固定电阻的测量

将两表笔（不分正负）分别与电阻器的两端相接即可测出实际电阻值，为了提高测量精度，应根据被测电阻器标称值的大小来选择量程。考虑到欧姆挡刻度的非线性关系，挡位的选择应使指针指示值尽可能落到刻度线的中间位置，即全刻度起始的 20%～80%弧度范围内，以使测量准确。

根据电阻的误差等级，读数与标称值之间允许有±5%、±10%、±20%的误差。若测量数据与标称值相符，外观端正，标志清晰，颜色均匀有光泽，保护漆完好，引线对称且无伤痕、无断裂、无腐蚀，则可初步断定该固定电阻质量良好。如电阻值不符超出误差范围，则说明该电阻的阻值改变了，如果测得的结果为 0，则说明该电阻已经短路；如果是无穷大，则表示该电阻断路，两种情况下的电阻均不能继续使用。

3. 电位器的测量

首先旋转电位器的手柄，感觉其转动是否平滑；然后将万用表表笔接触电位器的接线脚，缓慢旋转手柄，万用表指针的移动应连续、均匀，若发现有断续或跳动现象，则说明该电位器存在接触不良或阻值变化不均匀的问题，需要调换电位器。

4. 测量注意事项

① 测量时，特别是在测几万欧，甚至更高阻值的电阻时，手不要接触表笔和电阻器的导电部分，否则会对测量结果产生一定的影响。

② 被测电阻必须脱离电路，至少要脱离一端，以免电路中其他元件对测量结果产生影响，出现测量误差。

③ 色环电阻的阻值虽然能以色环来确定，但在使用时最好还是用万用表测试一下其实际阻值，某些情况下电阻的色环不一定完全正确。

二、电容器的识别与检测

电容由两金属电极之间夹一层绝缘电介质构成。当在两金属电极间加上电压时，电极上就会储存电荷，所以电容器是储能元件（即储存电荷的容器）。电容器广泛应用于各种高、低频电路中和电源电路中，起退耦、耦合、滤波、旁路、谐振、降压、定时等作用。表 1-3 列出了情境电路收音机中所有的电容器。

表 1-3　情境电路收音机中的电容器

序　　号	图　　例	类　　型	标　　称
C_1		双联电容器	
C_2、C_5、C_6、C_7、C_8、C_9、C_{11}、C_{12}、C_{13}		元片电容器	223
C_3		元片电容器	103
C_4、C_{10}		电解电容器	4.7μF
C_{14}、C_{15}		电解电容器	100μF

（一）电容器的符号

在电路图中，常见不同种类的电容器的符号如图 1-5 所示。

（二）电容器的主要参数

1. 标称容量

标在电容器外表上的电容量数值是电容器的标称容量。电容量的单位为法拉（F），常用的单位还有微法（μF）和皮法（pF）。它们之间的换算关系为 $1F=10^6\mu F=10^{12}pF$。

(a)固定电容　(b)可调电容　(c)电解电容　(d)半可调电容　(e)双联电容

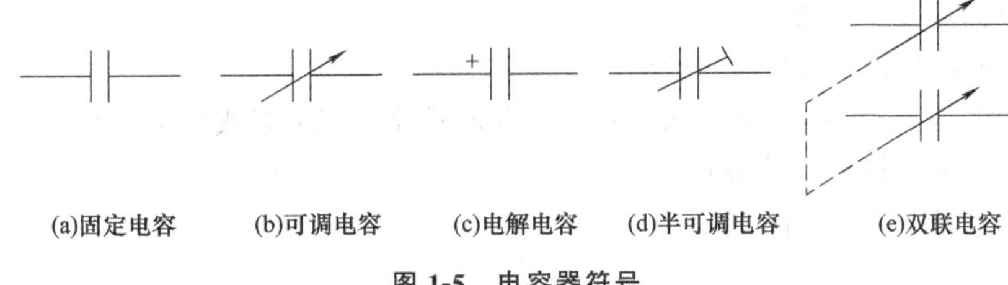

图 1-5　电容器符号

2. 额定耐压值

电容器的耐压值是表示电容器接入电路后，能连续可靠地工作，不被击穿时所能承受的最大直流电压。

（三）标称容量的表示方法

1. 直接标注法

在电容器表面直接标注容量值，通常将容量的整数部分写在容量单位的前面，容量的小数部分写在容量单位的后面。还有不标单位的情况，当用 1～4 位数字表示时，容量单位为皮法；当用零点零几表示时，单位为微法。

如图 1-6 所示，C_1 标称为 .01，表示 0.01μF；C_2 标称为 6800，表示 6800pF。

2. 数码表示法

一般用 3 位数表示电容器容量的大小。前面两位数字为容量有效值，第三位表示有效数字后面零的个数，单位为皮法。

如图 1-6 所示，C_3 标称为 103，表示 10000pF；C_4 标称为 223，表示 22000pF。

C_1　C_2　C_3　C_4

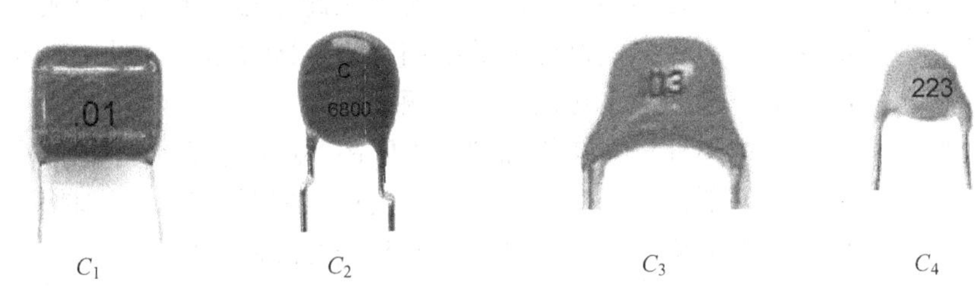

图 1-6　电容器的直接标注法

在这种表示方法中有一个特殊情况，就是当第三位数字用 9 表示时，表示有效值乘以 10^{-1}，例如 229 表示 $22\times10^{-1}=2.2$pF。

（四）情境电路中的特殊电容——双联电容

双联电容是用聚苯乙烯薄膜作介质的多平行板式电容器，内部由两组相互绝缘的金属铝片对应组成，其外部用塑料将定、动片密封起来。此类电容器具有体积小、重量轻和防尘性能良好的特点。本次组装的超外差收音机中 C_1 即为双联电容，如图 1-7 所示。

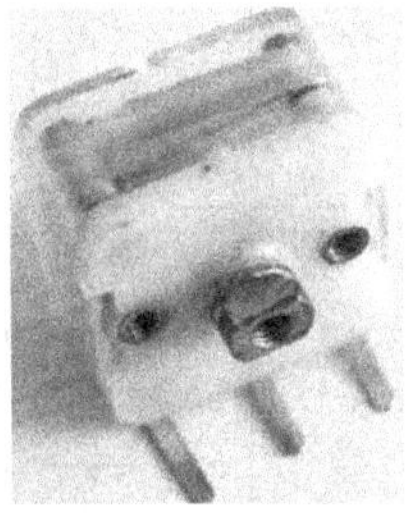

图 1-7　双联电容

（五）电容器的检测

1. 小容量固定电容器的检测

小容量固定电容器的电容量一般为 0.01μF 以下，因容量太小用万用表进行测量只能定性检查其是否有漏电、内部短路或击穿现象。测量时，可选用万用表 $R\times10$k 挡，用两表笔分别任意接电容器的两个引脚，阻值应为无穷大。若测出阻值（指针向右摆动）或阻值为 0，则说明电容器漏电损坏或内部击穿。

2. 0.01μF 以上固定电容器的检测

用万用表的 R×10k 挡直接测试其有无充电过程及内部短路或漏电现象，并可根据指针向右摆动的幅度大小估算出其容量。

3. 电解电容器的极性判别方法

对于正、负极标志不明的电解电容器，可先任意测一下漏电阻，记住其大小，然后交换表笔再测一次，两次测量中阻值大的那一次便是正确接法，即黑表笔接的是正极，红表笔接的是负极（因黑表笔与万用表内部电池的正极相接）。

4. 可变电容器的质量检测

① 用手转动可变电容器的转轴，感觉应十分平滑，不应有时松时紧或卡滞现象。

② 将转轴向各个方向推动，不应有摇动现象。

③ 将万用表置于 R×10k 挡，将两表笔分别接触可变电容器的动片和定片的引脚，并将转轴来回转动，万用表的指针都应在无穷大的位置不动。若指针有时指向零，则说明动片和定片之间存在短路现象；若旋转到某一位置时，万用表读数不是无穷大而是有电阻值，则说明可变电容器动片和静片之间存在漏电的现象。

三、变压器的识别和检测

（一）中频变压器的构造和种类

中频变压器（简称中周）是超外差收音机中不可缺少的器件。它对收音机的灵敏度、选择性和音质的好坏有很大的影响，同时它也可用于振荡、耦合及阻抗变换。

整机中使用的中周，实际上是由绕在磁芯上的两个彼此不相连的线圈组成的。连接前一级电路的线圈称为一次绕组，连接后一级电路的线圈称为二次绕组。这种中频变压器可以通过旋动磁芯来调节线圈的电感量，故又称调感式中频变压器。

本情境电路收音机中的中周外形与结构如表 1-4 中的 B_2～B_5 所示。中周外部是金属屏蔽罩，下面有引脚，上面有调节孔。磁帽和磁芯都是用铁氧体制成的。线圈绕在磁芯上，磁帽做成螺纹，可以在尼龙支架上旋上旋下。调节磁帽和铁芯之间的间隙大小，就可以改变线圈的电感量。

（二）音频变压器

音频变压器属于低频变压器，它用于变换电压和变换阻抗匹配，其外形与结构如表 1-4 中 B_6、B_7 所示。

表 1-4 情境电路收音机中的变压器

序号	符　号	外形图例	名　称	应用场合
B_1	1, 2, 3, 4		磁棒、天线线圈	高频输入电路
B_2	1, 2, 3, 4, 5		振荡线圈（红）	本机振荡

续表

序号	符　号	外形图例	名　称	应用场合
B_3	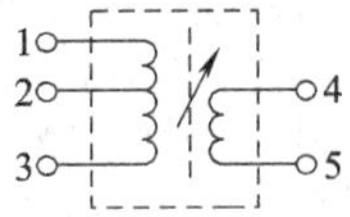		中周(黄)	中放Ⅰ
B_4	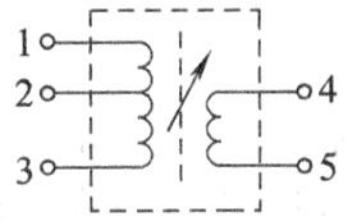		中周(白)	中放Ⅱ
B_5	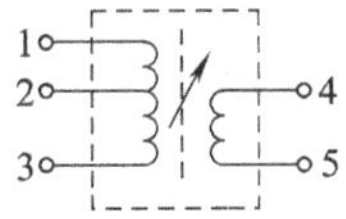		中周(黑)	中放Ⅲ
B_6	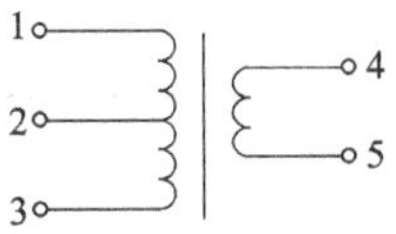		输入变压器(蓝、绿)	低频功率放大
B_7	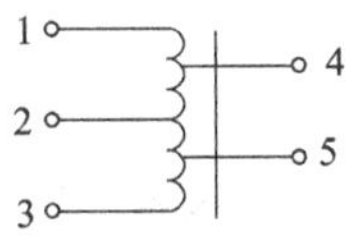		输出变压器(黄、红)	低频功率放大

（三）变压器的检测

情境电路收音机中各变压器的检测见表 1-5。

表 1-5　情境电路收音机中各变压器的检测

步骤	检测内容	检测情况说明
1	直观测试	根据变压器表面有无异常情况推断其质量好坏,如观察其表面有无烧焦痕迹、有无断裂情况等,下面以中周 B_2 的检测为例
2	了解引脚位置	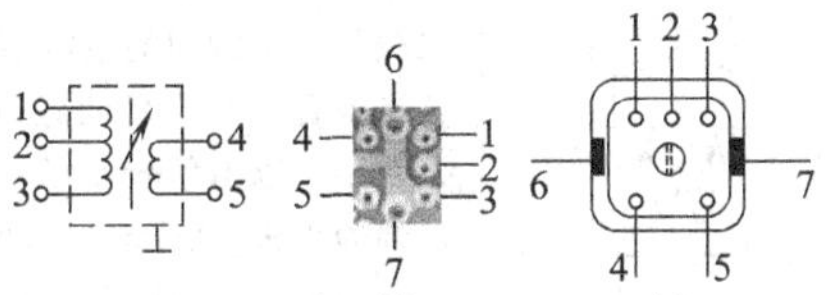 (a) (b) (c) 图(a)中虚线为金属外壳;图(b)、(c)中 6、7 位置为金属外壳接地端

续表

步骤	检测内容	检测情况说明
3	测试线圈与外壳的绝缘性	用万用表的 $R\times1k$ 挡或 $R\times10k$ 挡分别测量每个绕组与外壳之间的绝缘电阻。正常时应为无穷大。若测得的电阻很小则说明元件内部引线碰壳不能使用
4	测试线圈间绝缘性	用万用表的 $R\times1k$ 挡或 $R\times10k$ 挡分别测量每个绕组之间的绝缘电阻，正常时应为无穷大。若测得的电阻值很小则说明元件内部短路不能使用
5	检验线圈	用万用表的 $R\times1$ 挡分别测量各绕组线圈，应有一定的阻值，因为 N_1、N_2、N_3 匝数不同，所以 R_{12}、R_{23}、R_{45} 应略有不同。如果测得某绕组线圈电阻值为无穷大，则说明绕组线圈断路；如果测得阻值为零，则说明绕组线圈内部短路

图 1-8 晶体二极管

四、晶体二极管的识别与检测

晶体二极管由一个 PN 结加上电极引线和管壳构成，其突出特点为单向导电性。本情境电路中所用二极管如图 1-8 所示。

（一）常用晶体二极管的电路符号

常用晶体二极管的电路符号如图 1-9 所示。

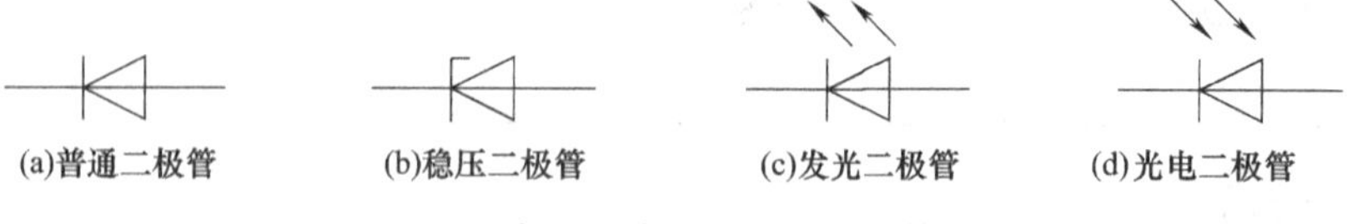

图 1-9 常用晶体二极管的电路符号

（二）晶体二极管的检测

利用指针式万用表判断二极管极性和质量的方法见表 1-6。

表 1-6 晶体二极管的检测

检测内容	图示	测量方法
判别正、负极	电阻较小	①将万用表置于 $R\times1k$ 挡，先用红、黑表笔任意测量二极管两引脚间的电阻值，然后交换表笔再测量一次。若二极管没有质量问题，则两次测量结果必定出现一大一小。以阻值较小的一次测量为准，黑表笔所接的一端为正极，红表笔所接的一端为负极 ②观察外壳上的色点和色环。一般标有色点的一端为正，带色环的一端为负

续表

检测内容		图示	测量方法
判别二极管质量好坏	测正向电阻	+ − 黑 红 $R\times1$k + −	将万用表置于$R\times1$k挡，测量二极管的正、反向电阻值。二极管的正向电阻越小越好，反向电阻越大越好。若测得正向电阻为无穷大，说明二极管的内部断路；若测得正、反向电阻接近于零，则表明二极管已经击穿短路
	测反向电阻	− + 黑 红 $R\times1$k + −	

五、晶体三极管的识别与检测

晶体三极管是电子电路中应用最普遍的电子元件之一，它在电路中主要起电流放大作用。表1-7所列的是情境电路收音机中所有的晶体三极管类器件。

表1-7　情境电路收音机中的晶体三极管

序号	图例	型号	作用
VT_1	S9018 H331	9018G	高频混频
VT_2		9018H	一中放
VT_3		9018H	二中放
VT_4		9018H	检波
VT_5	S9013 H331	9013H	低放
VT_6		9013H	功放
VT_7		9013H	功放

（一）晶体三极管的结构与符号

目前常用的三极管是利用光刻、扩散等工艺制作的平面三极管，其内部由三层不同性质的半导体组合而成，分为NPN型管和PNP型管。三极管的内部结构如图1-10（a）所示。

三极管的内部具有三个区：发射区、基区和集电区。两个PN结：发射结和集电结。从三个区分别引出三个电极：发射极（e）、基极（b）和集电极（c）。三极管的电路符号如图1-10（b）所示，其中发射极的箭头方向表示发射结正向偏置时的电流方向。

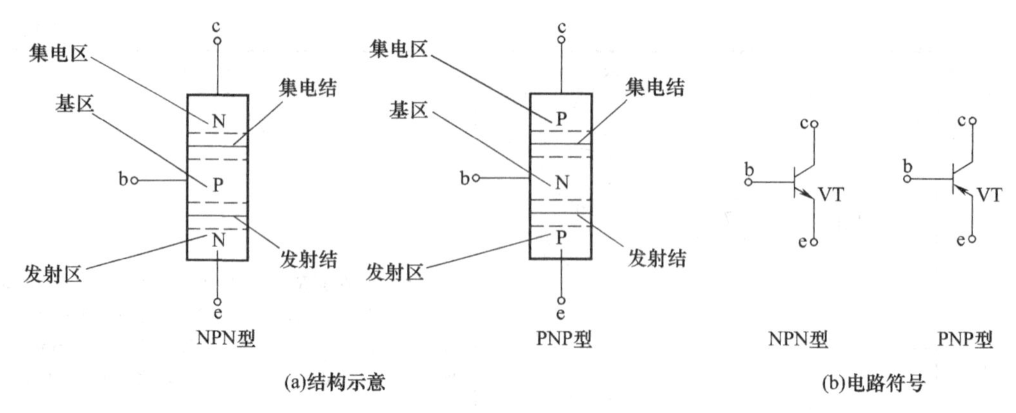

图 1-10 三极管的结构示意与电路符号

（二）常用晶体三极管的型号

情境电路中所用晶体三极管属于 90××系列，此系列包括低频小功率硅管 9013（NPN）、9012（PNP），低噪声管 9014（NPN），高频小功率管 9018（NPN）等。它们的型号一般都标在塑壳上，外观都相同，都是 TO-92 标准封装。

（三）常用晶体三极管的外形识别

小功率晶体管常用金属外壳和塑料外壳封装。对于金属外壳封装的晶体管，如果管壳上有识别标志，则将管底朝上，从识别标记起，按顺时针方向，3 个电极依次为 e（发射极）、b（基极）、c（集电极）；若管壳上无识别标志，且 3 个电极在半圆内，则仍将管底朝上，按顺时针方向，3 个电极依次为 e、b、c，如图 1-11 中（a）、（b）所示。对于塑料外壳封装的晶体管，面对平面将 3 个电极置于下方，从左到右，3 个电极依次为 e、b、c，如图 1-11 中（c）、（d）所示，大功率晶体三极管管脚排列如图 1-11 中（e）所示。

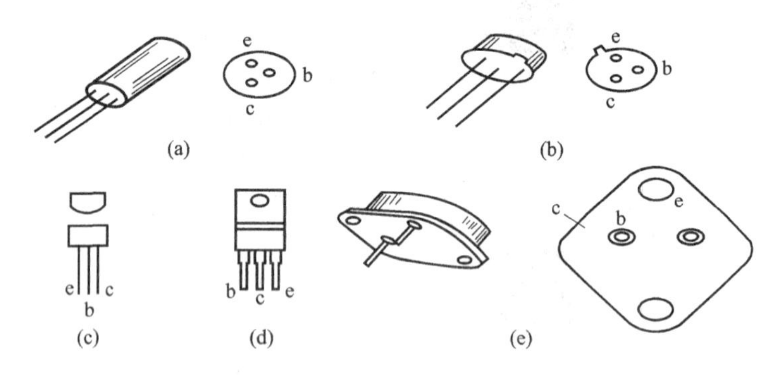

图 1-11 常见晶体三极管外形及管脚排列

（四）晶体三极管的检测

1. 用指针式万用表测量晶体三极管

用指针式万用表测量三极管（判定三个电极、管型，进行质量鉴别，估算放大倍数）的方法见表 1-8。

2. 用数字万用表测量晶体三极管

① 用数字万用表测二极管的挡位也能检测三极管的 PN 结，通过测量 PN 结的好坏可以很方便地确定三极管质量的好坏及类型，但要注意，与指针式万用表不同，数字式万用表红色表笔接内部电池的正极，黑色表笔接内部电池的负极。例如，当把红表笔接在假设的基极

表 1-8　晶体三极管的测量

<table>
<tr><th colspan="2">检测内容</th><th>图　　示</th><th>测 量 方 法</th></tr>
<tr><td colspan="2">判别基极 b 和三极管管型</td><td>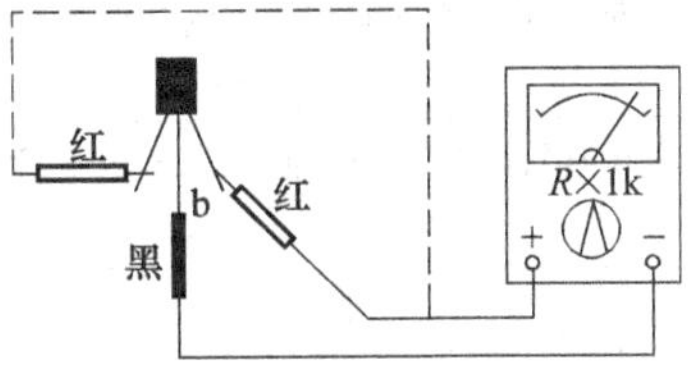
</td><td>①用万用表 $R\times1$k 挡测量三极管三个管脚中每两个之间的正、反向电阻值。当用第一支表笔接触其中一个管脚，而第二支表笔先后接触另外两个管脚，若测得电阻值较低，则第一支表笔所接触的那个管脚为三极管的基极 b
②将黑表笔接触基极 b，红表笔分别接触其他两管脚时，如测得阻值都较小，则被测三极管为 NPN 型管；否则为 PNP 管</td></tr>
<tr><td colspan="2" rowspan="2">判别集电极 c 和发射极 e</td><td>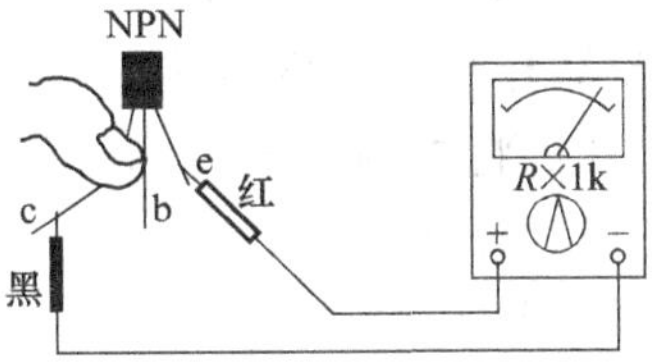
</td><td>将万用表置于 $R\times1$k 挡。先使被测 NPN 型三极管的基极悬空，万用表的红、黑表笔分别接触其余管脚，此时指针应指在无穷大位置。然后用手指同时捏住基极与左边的管脚，如左图所示。若万用表指针向右偏转较明显，则表明左边一端为集电极 c，右边的管脚为发射极 e；若万用表指针基本不摆动，可改用手指同时捏住基极与右边的管脚，若指针向右偏转较明显，则证明右边管脚为集电极 c，左边的管脚为发射极 e</td></tr>
<tr><td>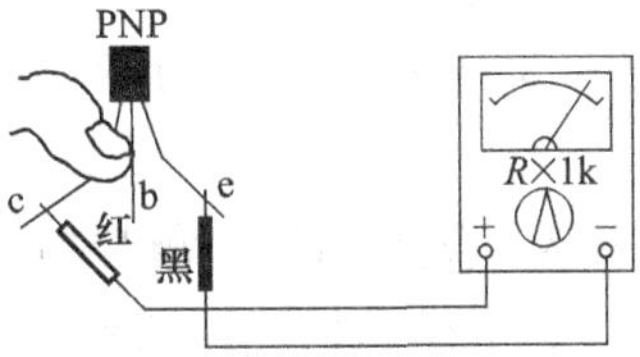
</td><td>将万用表置于 $R\times1$k 挡。先使被测 PNP 型三极管的基极悬空，万用表的红、黑表笔分别接触其余管脚，此时指针应指在无穷大位置。然后用手指同时捏住基极与右边的管脚，如左图所示。若万用表指针向右偏转较明显，则表明右边一端为集电极 c，左边的管脚为发射极 e；若万用表指针基本不摆动，可改用手指同时捏住基极与左边的管脚，若指针向右偏转较明显，则证明左边管脚为集电极 c，右边的管脚为发射极 e</td></tr>
<tr><td colspan="2">检测晶体三极管质量好坏</td><td>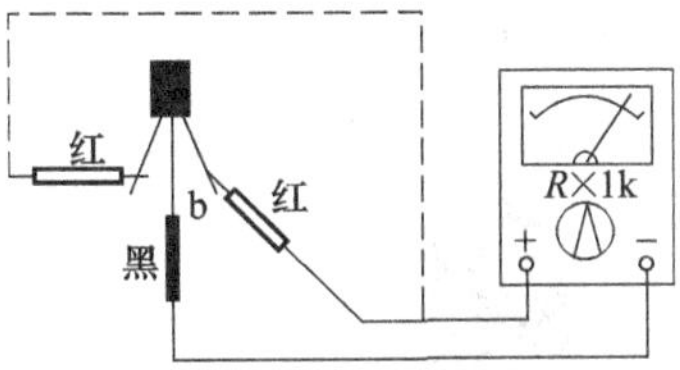
</td><td>将万用表置于 $R\times100$ 挡或 $R\times1$k 挡。①把黑表笔接在基极上，将红表笔先后接在其余两个电极上；②把红表笔接在基极上，将黑表笔先后接在其余两个电极上
NPN 型管：第①种接法两次测得的电阻值都较小，第②种接法两次测得的电阻值都很大，说明晶体三极管是好的
PNP 型管：第①种接法两次测得的电阻值都较大，第②种接法两次测得的电阻值都很小，说明晶体三极管是好的</td></tr>
<tr><td>求晶体三极管电流放大系数 β</td><td>测量法</td><td>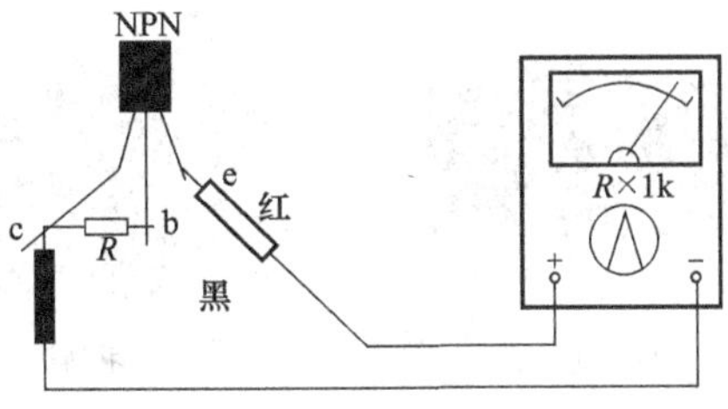
</td><td>将万用表置于 $R\times1$k 挡。以 NPN 管为例，先将红、黑表笔按左图所示电路进行接触，然后将电阻 R 接入电路。此时万用表指针应向右偏转，偏转的角度越大，说明被测管的放大倍数 β 越大。若接入电阻 R 后指针向右摆动幅度不大或根本就停止在原位不动，则表明管子的放大能力很差或者已经损坏，电阻 R 也可用人体电阻代替，即用手捏住 c、b 两管脚（但不能短接）来代替</td></tr>
</table>

续表

<table>
<tr><td colspan="2">检测内容</td><td colspan="6">图　示</td><td colspan="5">测 量 方 法</td></tr>
<tr><td rowspan="4">求晶体三极管电流放大系数β</td><td>h_{FE}测量</td><td colspan="11">晶体三极管的电流放大系数可以用万用表的h_{FE}挡来测量。测量时先将万用表调零后再拨到h_{FE}挡，将被测晶体管的c、b、e三个引脚分别插入相应的测试插孔中，万用表将会显示该管的电流放大倍数</td></tr>
<tr><td rowspan="3">直观判别法</td><td colspan="11">某些型号的中、小功率三极管，生产厂家在其管壳顶部用不同色点来表示管子的放大倍数β，其颜色和β值的对应关系如下：</td></tr>
<tr><td>色点</td><td>棕</td><td>红</td><td>橙</td><td>黄</td><td>绿</td><td>蓝</td><td>紫</td><td>灰</td><td>白</td><td>黑</td></tr>
<tr><td>β</td><td>17</td><td>17～27</td><td>27～40</td><td>40～77</td><td>77～80</td><td>80～120</td><td>120～180</td><td>180～270</td><td>270～400</td><td>>400</td></tr>
</table>

图 1-12　扬声器

上而将黑表笔先后接到其余两个电极上时，如果数字式万用表显示正常，则假设的基极是正确的，且被测三极管为NPN型管。

② 数字式万用表一般都有测三极管放大倍数的挡位（h_{FE}挡），使用时先确认晶体管类型，然后将被测管子的c、b、e三管脚分别插入数字式万用表面板对应的三极管插孔中，万用表即显示出h_{FE}的近似值。

六、扬声器的识别与检测

（一）扬声器的识别

扬声器又称喇叭，它是将电能转变成声能并将它辐射到空气中去的一种电声换能器件。扬声器的种类较多，按电声换能方式不同分为电动式、压电式、电磁式、气动式等；按结构不同分为号筒式、纸盆式、平板式、组合式等多种；按形状不同分为圆形、椭圆形；按工作频段不同分为高音扬声器、中音扬声器、低音扬声器等。本情境电路中所用扬声器如图1-12所示。

（二）扬声器质量检测

用万用表的$R\times1$挡测量扬声器的阻抗。表笔一触及引脚，就应听到喀喇声，喀喇声越响的扬声器其电声转换效率越高，喀喇声越清脆、干净的扬声器其音质越好。如果触碰时万用表指针没有摆动，则说明扬声器的音圈引出线断路；若仅有指针摆动，但没有喀喇声，则表明扬声器的音圈引出线有短路现象。

七、其他元器件的识别

情境电路中其他元器件和结构件如图1-13所示。

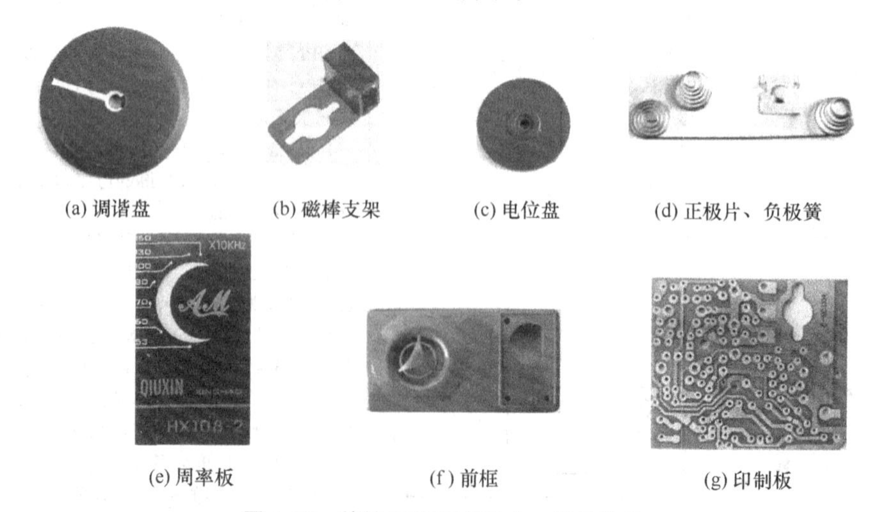

(a) 调谐盘　(b) 磁棒支架　(c) 电位盘　(d) 正极片、负极簧

(e) 周率板　(f) 前框　(g) 印制板

图 1-13　情境电路收音机中一些结构件

调谐盘：通过旋转选择收音机所在的频道位置。

磁性天线支架：对磁棒及天线线圈起固定支撑作用。

【任务实施及考核】

一、用万用表对整机电路中的电阻进行检测

（一）固定电阻的测量和质量判断

固定电阻的测量和质量判断见表 1-9。

表 1-9　固定电阻的测量和质量判断

序号	标称阻值	实测阻值	质量判断	序号	标称阻值	实测阻值	质量判断
R_1				R_8			
R_2				R_9			
R_3				R_{10}			
R_4				R_{11}			
R_5				R_{12}			
R_6				R_{13}			
R_7							

（二）可调电位器 W 的测量和质量判断

测量每两个引脚的电阻值，找出固定端引脚和可变端引脚。测量固定端间的电阻值、固定端与可变端电阻值，同时旋转转轴观察万用表指针的偏转是否连续，然后判断电位器质量好坏，将结果填入表 1-10。

表 1-10　可调电位器的测量和质量判断

元件序号	固定端之间阻值	指针偏转是否连续	质量判断

二、用万用表对电容器进行测量和判断

① 用指针式万用表测量电容器的漏电电阻，填入表 1-11。

② 用数字式万用表实测电容器容量，填入表 1-11。

③ 综合各项测量值判断电容器的质量，填入表 1-11。

④ 对估测电容值和实测电容值进行比较，总结估测电容的经验。

表 1-11　电容器的测量和质量判断

元件序号	万用表挡位	指针偏转角度	漏电电阻	实测电容值	质量判断
C_1					
C_2					
C_3					
C_4					
C_5					
C_6					
C_7					
C_8					

续表

元件序号	万用表挡位	指针偏转角度	漏电电阻	实测电容值	质量判断
C_9					
C_{10}					
C_{11}					
C_{12}					
C_{13}					
C_{14}					
C_{15}					

三、用万用表对中周及变压器进行测量和判断

电阻值可根据实际引脚数来填写，将结果填入表 1-12。

表 1-12 中周和变压器的测量和质量判断

序号	初级-外壳	次级-外壳	初级-次级	初级(1-2)	初级(2-3)	次级(4-5)	质量判断
B_1							
B_2							
B_3							
B_4							
B_5							
B_6							
B_7							

四、用万用表对晶体二极管进行测量和判断

① 用万用表测量晶体二极管的极性并标注正、负极，并与观察法判定的结果进行对比，填入表 1-13。

② 用万用表 $R\times1\mathrm{k}$ 挡测量二极管，判断二极管质量好坏，填入表 1-13。

表 1-13 晶体二极管的测量和质量判断

序号	正极	负极	与观察法比较结果(填同或否)	正向电阻	反向电阻	质量判断
VD_1						
VD_2						
VD_3						

五、用万用表对晶体三极管进行测量和判断

① 三极管的类型判断：通过测量判断三极管为 PNP 型还是 NPN 型，填入表 1-14。

② 极性的判断：通过测量判断三极管的三个电极，填入表 1-14。

③ 利用万用表估测三极管放大能力 β 值，判定其放大能力是否正常，填入表 1-14。

④ β 值的测量：用万用表 h_{FE} 挡测量各管的 β 值并记录，填入表 1-14。

表 1-14　晶体三极管的测量和质量判断

序号	管型	外形及各管脚极性	放大能力是否正常	β值	质量判断
VT_1					
VT_2					
VT_3					
VT_4					
VT_5					
VT_6					
VT_7					

任务二　超外差收音机电路图的识读

【任务描述】

依据电路图的识读步骤，依次对整机方框图、整机原理图、单元电路图和印制电路图进行正确的识读，从而了解整机基本构成，熟悉整机交、直流信号流向，掌握各单元电路的功能、工作原理、元器件作用，为以后整机电路的组装、故障分析及调试打好基础。

【知识链接】

一、情境电路中的图形符号和文字符号

电路中的图形符号是用来表示电路实物元器件的符号，它由国家统一规定标准。本情境电路中的元器件图形符号和文字符号见表 1-15。熟悉情境电路中的图形符号是识读情境电路图的最基本要求。

二、识读电路图的知识基础

（一）晶体三极管的电流分配与放大作用

1. 三极管电流放大作用的外部条件

发射结正向偏置，集电结反向偏置。如图 1-14 所示，图（a）为 NPN 型管的偏置电路；图（b）为 PNP 型管的偏置电路。工作时保证发射结正偏，集电结反偏。

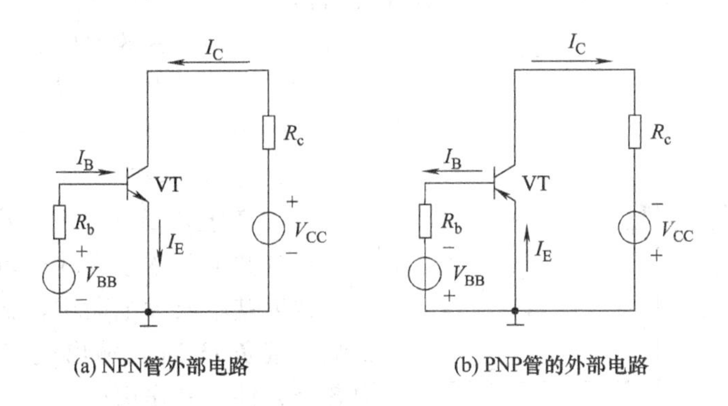

图 1-14　三极管电流放大作用的外部条件

表 1-15 情境电路中元器件图形符号和文字符号

元器件名称	图形符号	文字符号	元器件名称	图形符号	文字符号
固定电阻		R	铁芯变压器		B
可调电阻		W	扬声器		Y
电容		C	电池		DC
可调电容		C	开关		K
电解电容		C	接地		GND
二极管		VD	交叉连接		
三极管		VT	交叉不连接		
磁芯变压器		B	断点	×	

2. 三极管中各极电流的分配

(1) 电流 I_E、I_B、I_C 间的关系

$$I_E=I_B+I_C$$

发射极电流 I_E 等于基极电流 I_B 与集电极电流 I_C 之和。

(2) 集电极电流 I_C 与基极电流 I_B 间的关系

$$\beta=\frac{I_C}{I_B}$$

式中 β——共射电流放大倍数。

若电流变化量符合正弦波规律，则有

$$i_c=\beta i_b$$

以上两式说明，基极电流的微小变化可以控制集电极电流较大的变化，这就是三极管的电流放大作用，其放大倍数为 β。

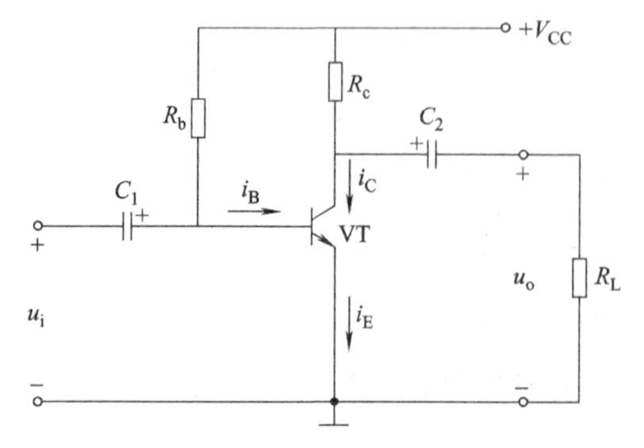

图 1-15 单管共射基本放大电路

(3) 发射极电流 I_E 与基极电流 I_B 的关系

$$I_E=I_B+I_C=(1+\beta)I_B\approx I_C$$

(二) 共射基本放大电路

1. 共射基本放大电路组成

单管共射基本放大电路如图 1-15 所示。

共射基本放大电路中，输入信号为 u_i；输出端外接负载 R_L，输出交流电压为 u_o。电路中各个元件及其作用如下。

(1) 晶体管 VT　图 1-15 中采用的是 NPN

型硅管，它是具有电流放大作用的元件，是整个电路的核心。V_{CC}是直流电源，它的作用是使发射结满足正向偏置、集电结满足反向偏置，使晶体管具备放大的外部条件，它同时也是信号放大的能源。

（2）基极电阻 R_b　R_b 为基极电阻，又称偏流电阻，它和电源 V_{CC}一起，给基极提供了一个合适的基极电流 I_B，简称偏流，以保证晶体管不失真地放大，其值通常为几十千欧至几百千欧。

（3）集电极负载电阻 R_c　R_c 为集电极负载电阻，它将集电极电流 i_C 的变化转换成集电极-发射极之间的电压 u_{CE}的变化，这个变化的电压就是输出的信号电压 u_o，从而使放大电路具有电压放大作用，其值通常为几千欧至几十千欧。

（4）耦合电容 C_1、C_2　C_1、C_2 称为耦合电容，也称隔直电容。因为电容的容抗与频率成反比，对直流信号来说，容抗为无穷大，相当于把电容支路断开（隔直），从而避免了信号源与放大电路之间、放大电路与负载之间直流电流的互相影响。而对于交流信号而言，容抗很小，其上的交流压降可以忽略不计，于是交流信号便可无衰减地通过电容传送出去。因此，电容 C_1、C_2 的作用可概括为“隔离直流、传送交流”。

（5）符号“⊥”　图 1-15 中符号“⊥”表示接机壳或接底板，常称“接地”，必须指出，它并不真正接到大地的地电位，而表示电路的参考零电位，它只是电路中各点电压的公共端点。

为了分析方便，规定：电压的正方向是以共同端为负端，其他各点为正端。图 1-15 中所标出的“+”、“-”号分别表示各电压的假定正方向；而电流的假定正方向如图 1-15 中箭头所示，即 i_C、i_B 以流入电极为正，i_E 则以流出电极为正。

2. 共射基本放大电路的电压放大倍数 A_u

① A_u 定义为放大电路输出电压 u_o 与输入电压 u_i 之比，是衡量放大电路电压放大能力的指标。即

$$A_u=\frac{u_o}{u_i}$$

② 放大倍数（增益）的分贝表示法为

$$A_u(\mathrm{dB})=20\lg\frac{u_o}{u_i}(\mathrm{dB})$$

当输出量大于输入量时，电压放大倍数的分贝值为正；当输出量小于输入量时，电压放大倍数的分贝值为负（称衰减）；当输出量等于输入量时，电压放大倍数的分贝值为 0。

（三）负反馈

1. 基本概念

反馈：放大器输出回路的输出量（电压或电流）通过一定的电路（反馈网络）将部分或全部能量（电压或电流）再反向送到放大器的输入回路，这一过程称为反馈。

如果引入的反馈信号使放大器的净输入信号增加，从而使放大器的输出量比无反馈时增加了，这样的反馈称为正反馈；与此相反，如果反馈信号使放大器的净输入信号减少，造成它的输出量比原来没有加反馈时减少了，这样的反馈称为负反馈。

2. 负反馈对放大器性能的影响

① 提高放大倍数的稳定性。

② 展宽通频带。

③ 减小非线性失真。

（四）功率放大电路

无论分立元件放大器还是集成放大器，其末级都要接实际负载。一般负载上的信号的电流和电压多要求较大，即负载要求放大器输出较大的功率以便推动如扬声器、电动机之类的功率负载，故称之为功率放大器，简称功放。功率放大电路的主要任务是放大信号功率。

1. 功率放大器工作状态的分类

功率放大电路根据电路中三极管静态工作点设置的不同，可分为甲类、乙类和甲乙类三种。

甲类功率放大电路的特征是工作点在负载线线性段的中点，在输入信号的整个周期内，晶体管均导通，有电流流过，功放的导通角 $\theta=360°$。

乙类功率放大电路的特征是工作点设置在截止区，在输入信号的整个周期内，晶体管仅在半个周期内导通，有电流流过，功放的导通角 $\theta=180°$。

甲乙类功率放大电路的特征是工作点设置在放大区内，但很接近截止区，管子在大半周期内导通，有电流流过，功放的导通角 $180°<\theta<360°$。

在甲类功率放大电路中，由于在信号全周期范围内管子均导通，故非线性失真较小，但是输出和效率均较低，因而在低频功率放大电路中主要用乙类或甲乙类功率放大电路。

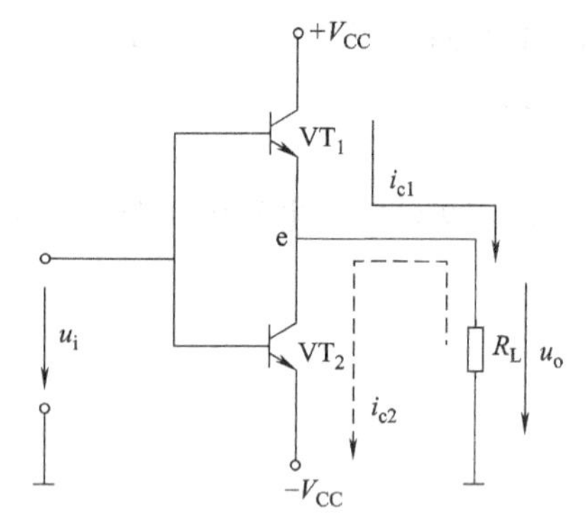

图 1-16 基本 OCL 电路

2. 功放电路举例（OCL 电路）

（1）电路组成及工作原理 双电源互补对称电路如图 1-16 所示，这类电路为无输出电容的功率放大电路，简称 OCL 电路。VT_1 为 NPN 型三极管，VT_2 为 PNP 型三极管。为保证工作状态良好，要求该电路具有良好的对称性，即 VT_1、VT_2 管特性对称，并且正负电源对称。当信号为零时，偏流为零，它们均工作在乙类放大状态。

电路工作时，在输入信号 u_i 的一个周期内 VT_1、VT_2 管轮流导通、交替工作，使流过 R_L 的电流为一完整的正弦波信号。

（2）参数输出功率 P_o 的计算 输出功率是负载上的电流和电压有效值的乘积，即

$$P_o=\frac{U_{cem}}{\sqrt{2}}\times\frac{I_{cm}}{\sqrt{2}}=\frac{1}{2}\times\frac{U_{cem}^2}{R_L}=\frac{1}{2}\times\frac{U_{om}^2}{R_L}$$

通常可认为 $U_{om}\approx V_{CC}$。

（3）交越失真 由于功率管存在死区电压，当输入信号电压小于死区电压时，输出波形在过零点附近其波形出现衔接不连贯的现象，称为交越失真。实例电路中功放管基极产生的交越失真波形如图 1-17 所示。

克服交越失真的措施就是避开死区电压区，使每一个晶体管在静态时都处于微导通状态。

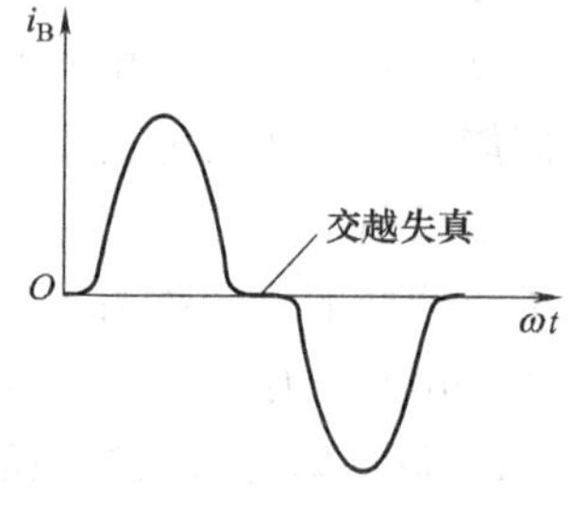

图 1-17 交越失真波形

三、超外差收音机电路图的识读

（一）识读方框图

方框图表示电子产品的大致结构，说明了电子产品主要包括哪几部分以及它们在电子产品中的排列顺序和基本作用。每一部分用一个方框表示，各方框之间用线连接，表示各单元电路间的相互关系和位置。只有掌握方框图，建立起整机基本结构的概念，才能明确电路原理图中各单元电路的功能及其包括的元器件。图 1-18 所示为情境电路收音机整机方框图与信号波形。

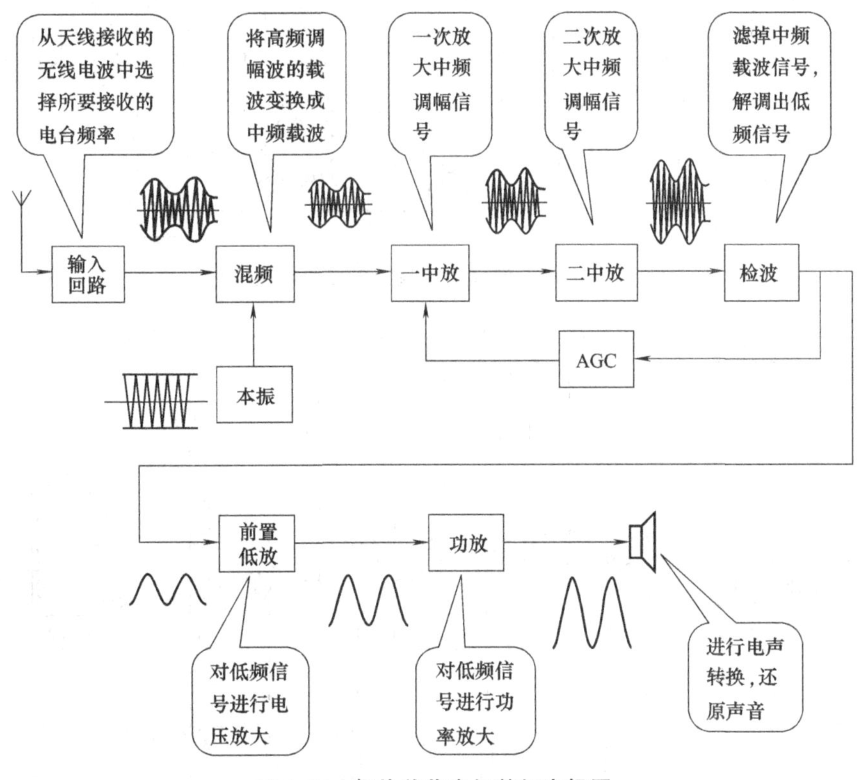

图 1-18　超外差收音机整机方框图

（二）识读整机电路原理图

超外差收音机电路根据信号形式的不同可分为静态工作电路和动态工作电路，而通过识读整机电路原理图，可以清晰地了解整机工作过程中直流电源的供电情况（静态工作）以及无线电信号在电路中的传输（动态工作）情况，对于整机电路的组装、调试及故障排除都是非常重要的环节。情境电路对应的整机电路原理图如图 1-19 所示。在原理图中包含了六部分单元电路，而每一部分电路都是通过变压器连接的，这种电路称为变压器耦合的多级放大电路。

当整机电路没有输入信号时，电路中只有直流电源作用，各处的电压和电流都是直流量，称为直流工作状态或静止状态，简称静态。由于静态时电路中的电流和电压都是直流量，因此对于放大电路中的电容、变压器来说，都可以认为是开路。在对电子设备进行检修时，一般都是先从电路的直流供电关系入手，以便对电路进行分析并避免盲目的电路调整。情境电路对应的直流电路如图 1-20 所示，图中用箭头指明超外差收音机的直流供电情况。

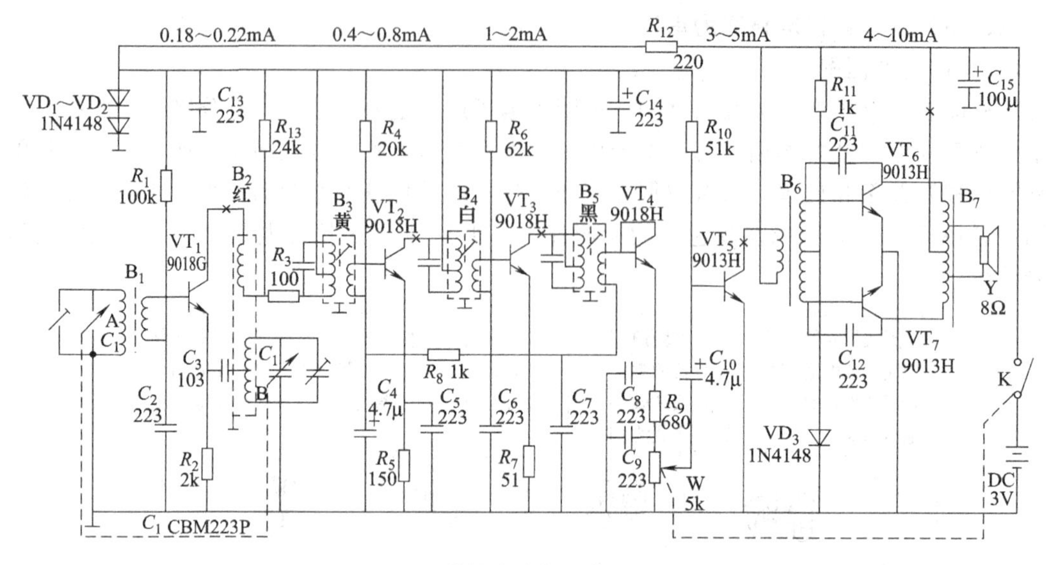

图 1-19　情境电路整机电路原理图

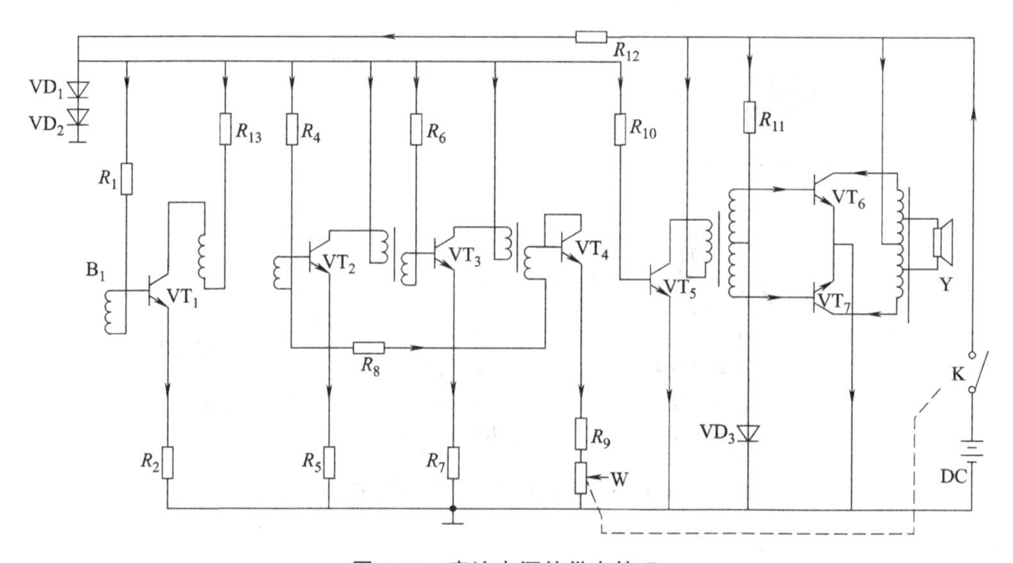

图 1-20　直流电源的供电情况

超外差收音机电路接收无线电信号后，电路中同时存在直流量和交流量，电压和电流都在静态值的基础上产生与输入信号相对应的变化，这就是放大电路的动态工作情况。在动态时，如果只研究电路中的交流量，则耦合电容器、变压器相当于短接。超外差收音机电路中无线电信号的传输情况如图 1-21 中箭头指向所示。

（三）识读单元电路图

识读单元电路图的主要任务是掌握电路原理、功能、结构、类型以及信号的变化过程、波形及主要参数。下面按照无线电信号的传输过程来分析超外差收音机的各单元电路。

1. 输入回路

收音机电路中常见的输入电路有磁性天线输入回路（本情境电路）和外接天线输入回路两种。在通常情况下，磁性天线输入回路用于中波广播的接收，外接天线用于短波和调频波广播的接收。磁性天线输入回路的电路结构、原理、元器件作用、电路功能和电路要求见表 1-16。

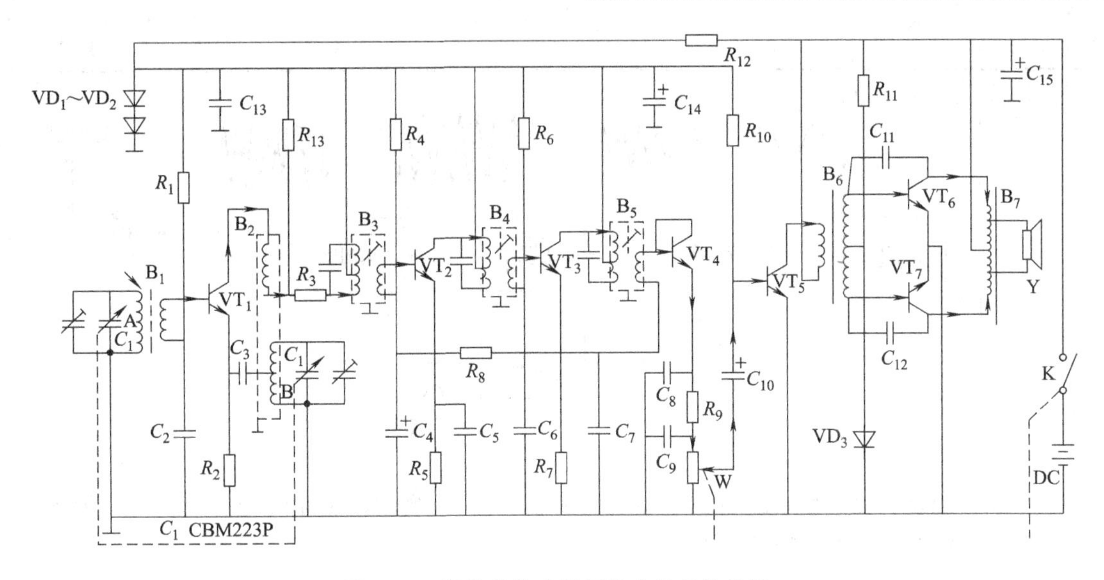

图 1-21　超外差收音机无线电信号的传输

2. 变频电路

变频电路包括本机振荡电路、混频器、选频电路三个部分，其结构框图如图 1-22 所示。

表 1-16　输入回路

电路结构	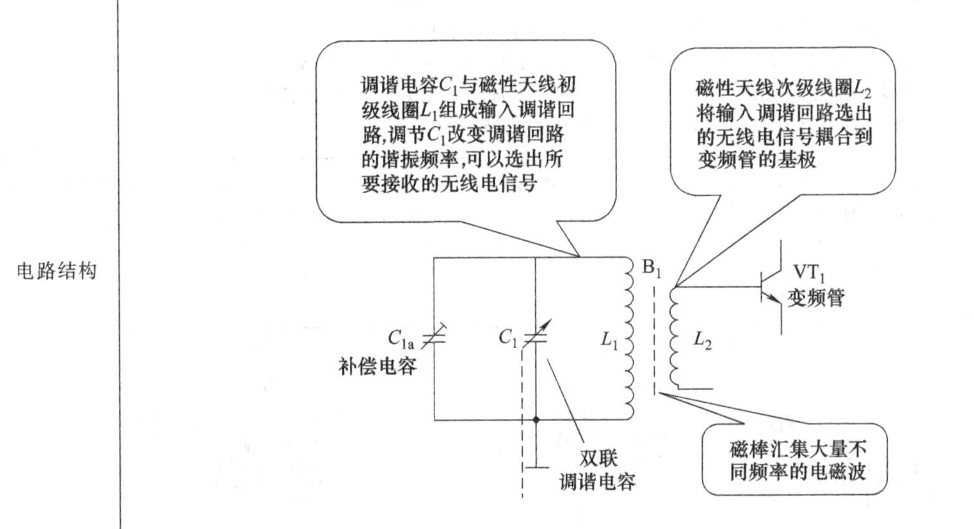
工作原理	①无线调幅信号的产生　为了实现声音的远距离传播,必须借助于无线电广播。无线电广播是以频率较高(高于音频频率)的无线电信号(称为高频载波信号)作为运载工具,将声音送到较远的地方 无线电广播分为调幅(AM)广播和调频(FM)广播,情境电路所接收的信号属于调幅信号 调幅广播是用高频载波信号的幅值来装载音频信号,即用音频信号来调制高频载波信号的幅值,从而使原来为等幅的高频载波信号的幅值随调制信号的幅度而变化,幅值被音频信号调制过的高频载波信号称为调幅信号。无线调幅信号的产生过程如图所示

续表

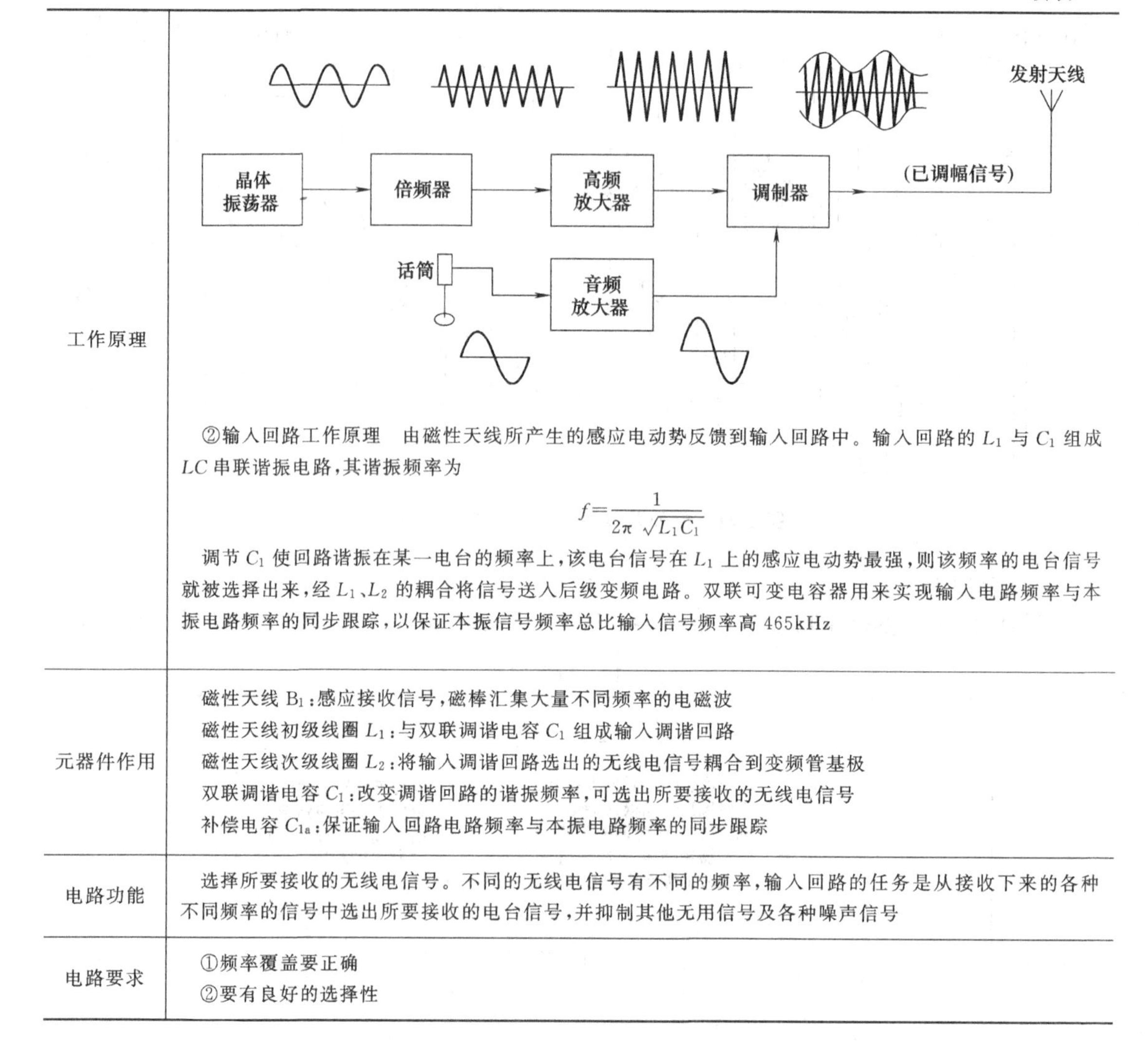

工作原理	②输入回路工作原理　由磁性天线所产生的感应电动势反馈到输入回路中。输入回路的 L_1 与 C_1 组成 LC 串联谐振电路,其谐振频率为 $$f=\frac{1}{2\pi\sqrt{L_1C_1}}$$ 调节 C_1 使回路谐振在某一电台的频率上,该电台信号在 L_1 上的感应电动势最强,则该频率的电台信号就被选择出来,经 L_1、L_2 的耦合将信号送入后级变频电路。双联可变电容器用来实现输入电路频率与本振电路频率的同步跟踪,以保证本振信号频率总比输入信号频率高 465kHz
元器件作用	磁性天线 B_1:感应接收信号,磁棒汇集大量不同频率的电磁波 磁性天线初级线圈 L_1:与双联调谐电容 C_1 组成输入调谐回路 磁性天线次级线圈 L_2:将输入调谐回路选出的无线电信号耦合到变频管基极 双联调谐电容 C_1:改变调谐回路的谐振频率,可选出所要接收的无线电信号 补偿电容 C_{1a}:保证输入回路电路频率与本振电路频率的同步跟踪
电路功能	选择所要接收的无线电信号。不同的无线电信号有不同的频率,输入回路的任务是从接收下来的各种不同频率的信号中选出所要接收的电台信号,并抑制其他无用信号及各种噪声信号
电路要求	①频率覆盖要正确 ②要有良好的选择性

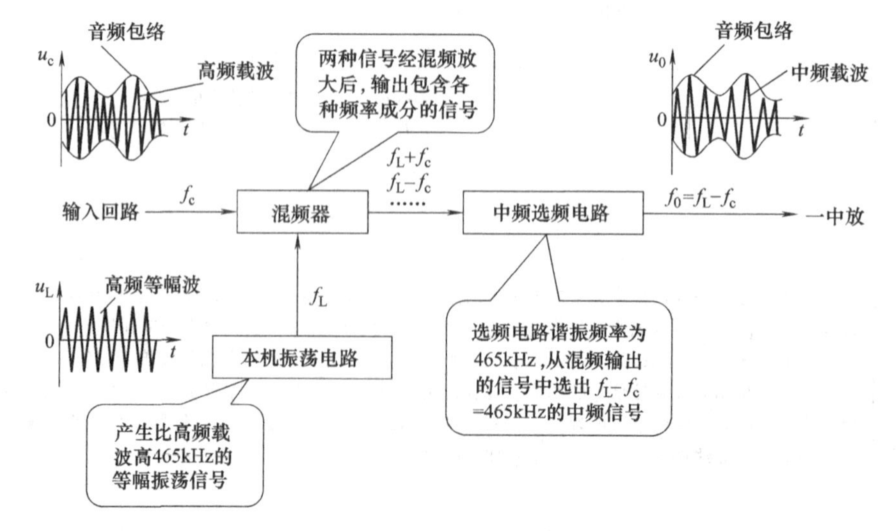

图 1-22　变频电路结构框图

变频电路的电路结构、工作原理、电路元件及元件作用、电路要求见表 1-17。

表 1-17　变频电路

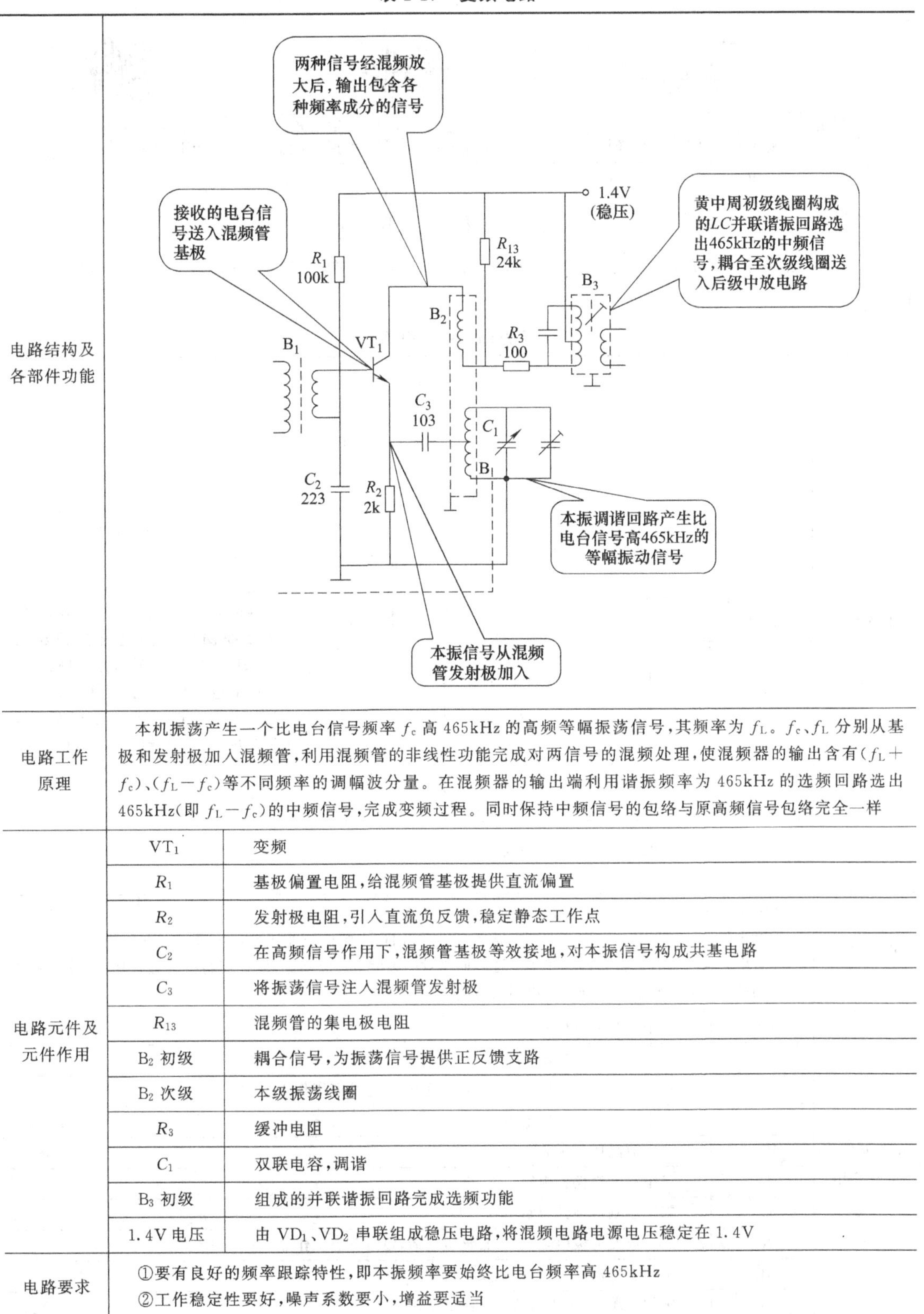

电路结构及各部件功能	(见上图)	
电路工作原理	本机振荡产生一个比电台信号频率 f_c 高 465kHz 的高频等幅振荡信号，其频率为 f_L。f_c、f_L 分别从基极和发射极加入混频管，利用混频管的非线性功能完成对两信号的混频处理，使混频器的输出含有(f_L+f_c)、(f_L-f_c)等不同频率的调幅波分量。在混频器的输出端利用谐振频率为 465kHz 的选频回路选出 465kHz(即 f_L-f_c)的中频信号，完成变频过程。同时保持中频信号的包络与原高频信号包络完全一样	
电路元件及元件作用	VT_1	变频
	R_1	基极偏置电阻，给混频管基极提供直流偏置
	R_2	发射极电阻，引入直流负反馈，稳定静态工作点
	C_2	在高频信号作用下，混频管基极等效接地，对本振信号构成共基电路
	C_3	将振荡信号注入混频管发射极
	R_{13}	混频管的集电极电阻
	B_2 初级	耦合信号，为振荡信号提供正反馈支路
	B_2 次级	本级振荡线圈
	R_3	缓冲电阻
	C_1	双联电容，调谐
	B_3 初级	组成的并联谐振回路完成选频功能
	1.4V 电压	由 VD_1、VD_2 串联组成稳压电路，将混频电路电源电压稳定在 1.4V
电路要求	①要有良好的频率跟踪特性，即本振频率要始终比电台频率高 465kHz ②工作稳定性要好，噪声系数要小，增益要适当	

3．中放电路

情境电路的中放电路由两级放大电路组成，其框图如图 1-23 所示。

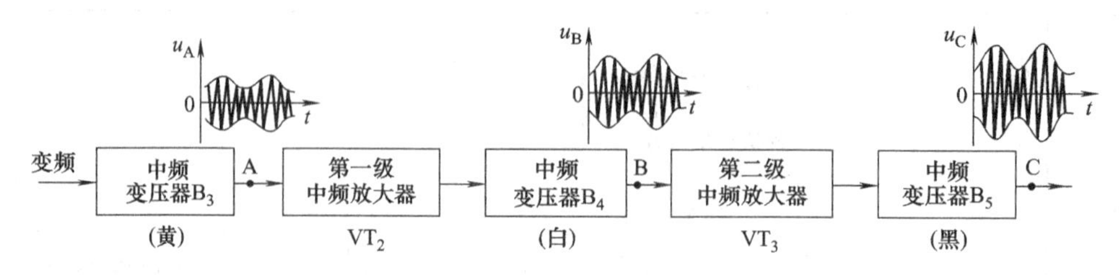

图 1-23　中频放大电路框图

中频放大电路的电路结构、电路作用、电路元件及元件作用、直流指标、电路要求见表 1-18。

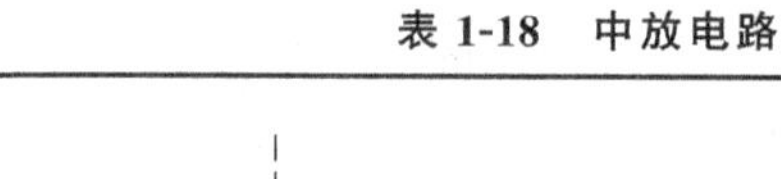

表 1-18　中放电路

<table>
<tr><td>电路结构</td><td colspan="2">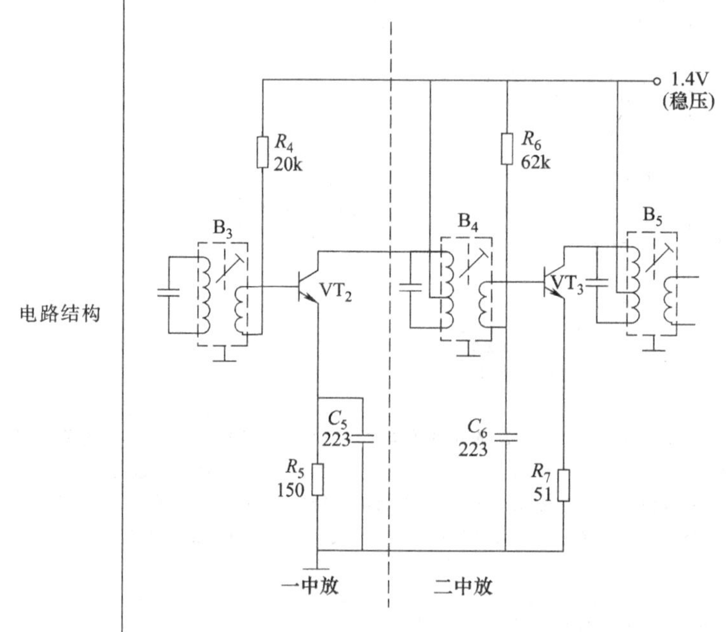
中放电路由一中放和二中放两级放大电路构成，每级都属于共射组态放大电路
电路中各中频变压器（中周）的初级线圈组成 LC 并联谐振回路，调整初级线圈的电感量可使回路对 465kHz 的中频信号谐振，因此要求各中周应具有一定的通频带和较好的频率选择性。另外，中周在信号传输过程中还起到阻抗变换的作用</td></tr>
<tr><td>电路作用</td><td colspan="2">中放电路的主要作用是放大和选频。
①对中频信号进行放大　即将变频电路送来的 465kHz 中频信号进行放大，以提高整机的灵敏度
②对中频信号进行选频　即通过中周选频回路对中频信号逐级筛选，以提高整机的选择性，然后将筛选出来的已放大的中频信号送到检波电路去检波</td></tr>
<tr><td rowspan="10">电路元件及元件作用</td><td>VT_2</td><td>一中放晶体三极管</td></tr>
<tr><td>R_4</td><td>一中放基极偏置电阻</td></tr>
<tr><td>R_5</td><td>一中放发射极电阻，引入直流负反馈，稳定静态工作点</td></tr>
<tr><td>C_5</td><td>一中放发射极旁路电容</td></tr>
<tr><td>VT_3</td><td>二中放晶体三极管</td></tr>
<tr><td>R_6</td><td>二中放基极偏置电阻</td></tr>
<tr><td>C_6</td><td>二中放基极高频旁路电容</td></tr>
<tr><td>R_7</td><td>二中放发射极电阻，引入直流负反馈，稳定静态工作点</td></tr>
<tr><td>B_4</td><td>中频变压器（中周），选频及阻抗变换</td></tr>
<tr><td>B_5</td><td>中频变压器（中周），选频及阻抗变换</td></tr>
</table>

续表

主要直流指标	一中放静态工作点	$I_{B2}=\dfrac{U_{稳压}-U_{BE2}}{R_4+(1+\beta_2)R_5}\approx\dfrac{U_{稳压}-U_{BE2}}{R_4+\beta_2 R_5}$ U_{BE2}为 VT_2 的发射结压降，硅管取 0.7V，锗管取 0.3V，以下相同 $I_{C2}=\beta_2 I_{B2}$ $U_{CE2}\approx U_{稳压}-I_{C2}(R_5+R_{12})\approx U_{稳压}-I_{C2}R_5$ R_{12}为中周 B_4 1、2 脚间等效电阻
	二中放静态工作点	$I_{B3}=\dfrac{U_{稳压}-U_{BE3}}{R_6+(1+\beta_3)R_7}\approx\dfrac{U_{稳压}-U_{BE3}}{R_6+\beta_3 R_7}$ $I_{C3}=\beta_3 I_{B3}$ $U_{CE3}\approx U_{稳压}-I_{C3}(R_7+R_{12})\approx U_{稳压}-I_{C3}R_7$ R_{12}为中周 B_5 1、2 脚间等效电阻
电路要求	①增益要高，两级中放应有 60～70dB 的增益 ②选择性要好 ③通频带要适中	

4. 检波电路

检波电路包括检波元件和低通滤波电路两大部分，其组成框图及电路中的波形如图 1-24 所示。

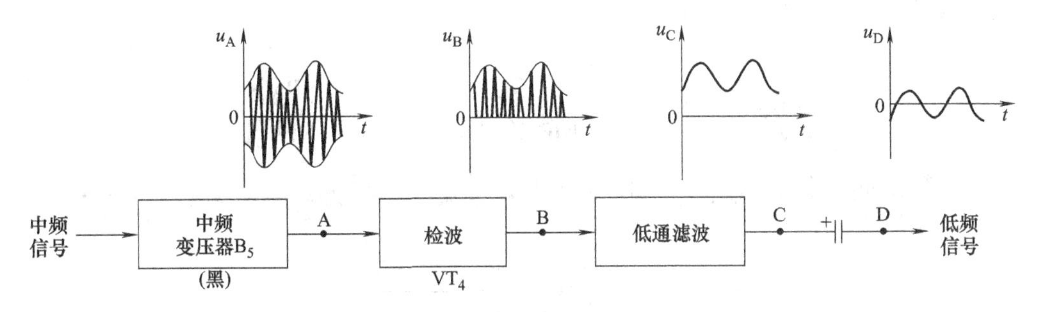

图 1-24　检波电路框图

检波电路的电路结构、工作原理、电路元件及元件作用、电路要求见表 1-19。

表 1-19　检波电路

电路结构	B_5　VT_4 VT_4的b、c两极短接，等效为二极管，利用二极管的单向导电性把中频信号的负半周截去，变成中频脉动信号 低频放大电路 C_{10} 4.7μ C_8 223　R_9 680 C_7 223 C_9 223 W 5k C_8、R_9、C_9构成π型低通滤波器，滤除465kHz的中频信号

续表

工作原理	利用二极管的单向导电性把中频信号的负半周截去，变成只有正半周的中频脉动信号，此脉动信号包含直流成分、音频、中频及各谐波；经过低通滤波电路后滤除中频和其他高次谐波；检波后的低频（音频）分量降在音量电位器 W 上，经 C_{10} 隔去直流分量后即可得到音频信号再送往低频放大电路	
电路元件及元件作用	VT_4	b、c 两极短接，等效为检波二极管
	C_7	高频旁路电容
	C_8	构成 RC π 型低通滤波器
	R_9	
	C_9	
	W	音量电位器
	C_{10}	隔直耦合电容
电路要求	①检波失真要小 ②检波效率要高 ③滤波性能好	

5．AGC（自动增益控制）电路

根据接收电台信号的强弱自动调节放大电路的增益，以保证放大电路输出信号的大小基本不变。其结构框图如图 1-25 所示。

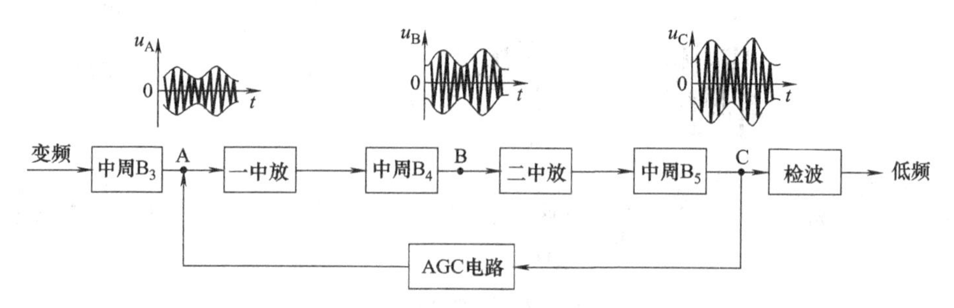

图 1-25　AGC 电路框图

AGC 电路的结构、电路作用、工作原理、电路要求见表 1-20。

表 1-20　AGC 电路

电路结构	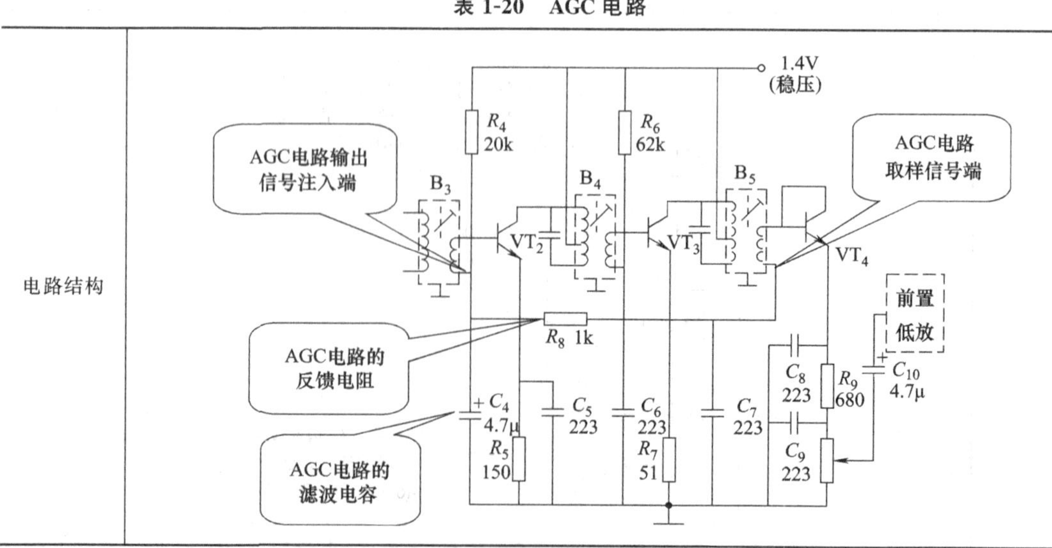

续表

电路作用	当接收信号变化很大时，保持收音机的输出信号基本稳定，即当接收信号较弱时，收音机的增益高，使音量变大；反之当接收信号较强时，又自动降低增益使音量变小，提高整机的稳定性
工作原理	AGC 电路通常利用控制第一中放管的基极电流来实现，这是因为第一中放的信号比较弱，受 AGC 控制后不会产生信号失真。利用 AGC 电路取样的直流信号控制 VT_2 的基极偏流 I_{B2}，外来接收信号愈大，AGC 取样信号愈强，反馈至 VT_2 管的基极，至使 VT_2 的工作点下降较多，导致中放级的增益减少愈甚；反之，则增益愈高。由此可达到自动控制中放增益的目的，由此可见 AGC 电路实际上是一个负反馈的工作过程
电路要求	①AGC 控制范围要大 ②工作稳定性要好

6. 音频放大电路

从检波电路得到的音频信号很弱，无法推动扬声器正常工作，必须对音频信号进行放大。从检波电路输出端到扬声器之间的电路称为音频放大电路，它包括前置低频放大电路和功率放大电路。其组成框图如图 1-26 所示。

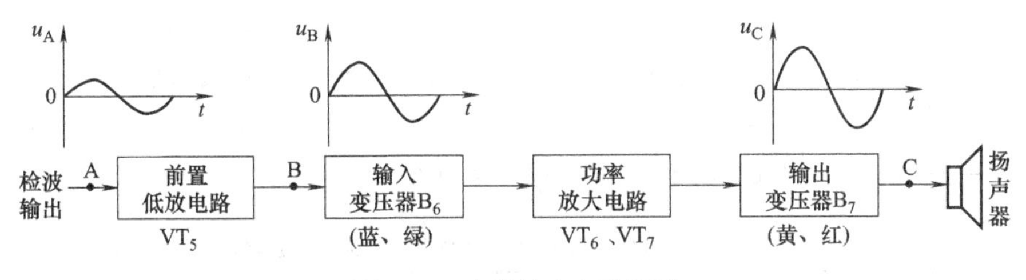

图 1-26　音频放大电路框图

音频放大电路的电路结构、电路作用、工作原理、电路元件及元件作用、主要参数、电路要求见表 1-21。

表 1-21　音频放大电路

电路结构	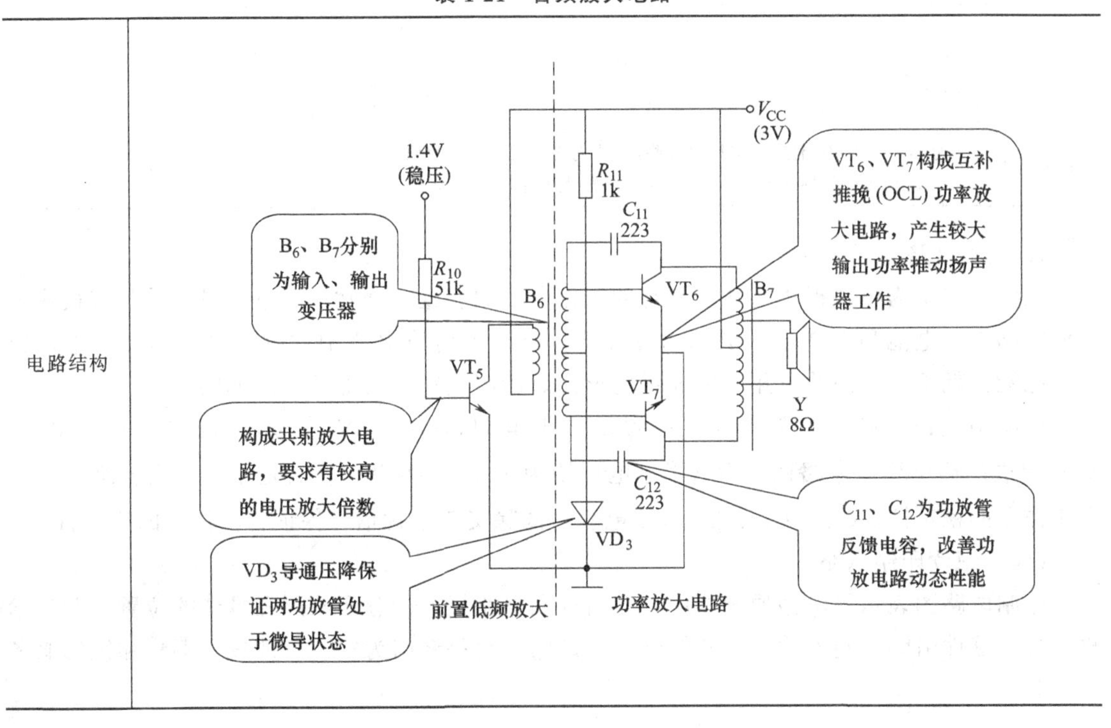

续表

<table>
<tr><td rowspan="2">电路作用</td><td colspan="2">前置低频放大：把从检波电路送来的低频信号进行放大，以便推动功率放大器，使收音机获得足够的功率输出</td></tr>
<tr><td colspan="2">功率放大电路：将前置低频放大器送来的低频信号作进一步放大，以提供足够的功率推动扬声器发声</td></tr>
<tr><td rowspan="2">工作原理</td><td colspan="2">前置低频放大电路为具有较高电压放大作用的共射放大电路，将检波电路送来的低频信号进行放大，然后通过输入变压器耦合至功放电路</td></tr>
<tr><td colspan="2">功放电路为工作在乙类状态下的互补推挽功率放大电路，前置低放输出的信号通过输入变压器耦合至功放电路的输入端，由于功放电路结构上的对称性，在输入信号的正、负半周两个功放管交替导通，轮流工作，共同完成对整个信号波形的放大工作。经 VT_6、VT_7 分别放大的两个半波电流经输出变压器在负载（扬声器）上合并起来，恢复完整波形</td></tr>
<tr><td rowspan="10">电路元件及元件作用</td><td>VT_5</td><td>9013H，前置低放电路晶体三极管</td></tr>
<tr><td>R_{10}</td><td>前置低放电路 VT_5 基极偏置电阻</td></tr>
<tr><td>B_6</td><td>输入变压器，具有中心抽头，保证功放电路对称同时起到阻抗变换作用</td></tr>
<tr><td>VT_6</td><td rowspan="2">9013H，功放电路功放管</td></tr>
<tr><td>VT_7</td></tr>
<tr><td>R_{11}</td><td rowspan="2">提供合适偏置，保证两功放管处于微导状态，消除功放电路交越失真</td></tr>
<tr><td>VD_3</td></tr>
<tr><td>C_{11}</td><td rowspan="2">反馈电容，改善功放电路动态性能，使音质更好</td></tr>
<tr><td>C_{12}</td></tr>
<tr><td>B_7</td><td>输出变压器，具有中心抽头，保证功放电路对称同时起到阻抗变换作用</td></tr>
<tr><td rowspan="2">电路主要指标</td><td>前置低放静态工作点</td><td>$$I_{B5}=\frac{U_{稳压}-U_{BE5}}{R_{10}}$$
$$I_{C5}=\beta_5 I_{B5}$$
$$U_{CE5}\approx V_{CC}-I_{C5}R_{45}$$
R_{45} 为输入变压器 B_6 4、5 脚间等效电阻</td></tr>
<tr><td>功放电路主要参数</td><td>$$P_o=\frac{1}{2}\times\frac{U_{om}^2}{R_L}\approx\frac{1}{2}\times\frac{\left(\frac{1}{2}V_{CC}\right)^2}{R_L}=\frac{1}{8}\times\frac{V_{CC}^2}{R_L}$$
R_L 为扬声器等效电阻</td></tr>
<tr><td>电路要求</td><td colspan="2">①前置低放电路中 β_5 选择要大些，保证电路有较大的信号放大能力
②两功放管特性参数应对称，保证功率放大电路不产生失真</td></tr>
</table>

7. 电源电路

电源电路是为整机提供合适与稳定的工作电压的装置。通常情况下，晶体管收音机中的电源电路有干电池和直流稳压电源两种形式，由于本情境电路中的收音机采用低压直流供电，电能消耗不大，因此采用干电池供电形式。情境电路中的电源电路如图 1-27 所示。

电路中变频电路、中放电路、前置低放由电源提供的 3V 直流电压经过 R_{12}、VD_1、VD_2 组成的简单稳压电路稳压后（稳定电压约为 1.4V）供电，目的是用来提高各级电路静态工作点的稳定性。C_{13}、C_{14}、C_{15} 滤波电容，滤除交流干扰信号保证直流供电的稳定性。

（四）识读印制电路图

印制电路图表示了电路原理图中各元器件在电路板上的分布状况和具体的位置，并且给出了各元器件引脚之间连线（铜箔线路）的走向。它是专门为安装、调试、测量和维修服务的电路图。

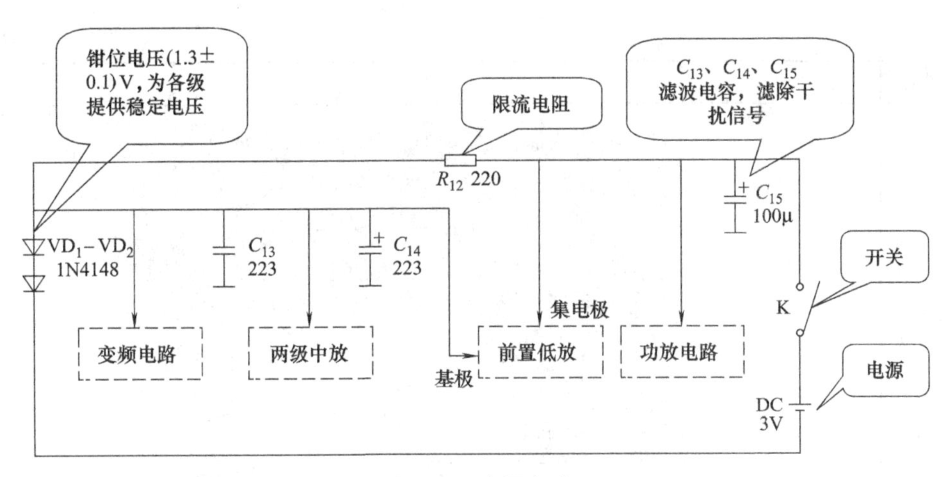

图 1-27　电源电路

印制电路图有图纸表示方式和直标方式两种形式，见表 1-22 所示。

表 1-22　印制电路图表示方式

方式	说明	图　示
图纸表示方式	在图纸上画出各元器件的分布和它们之间的连接情况	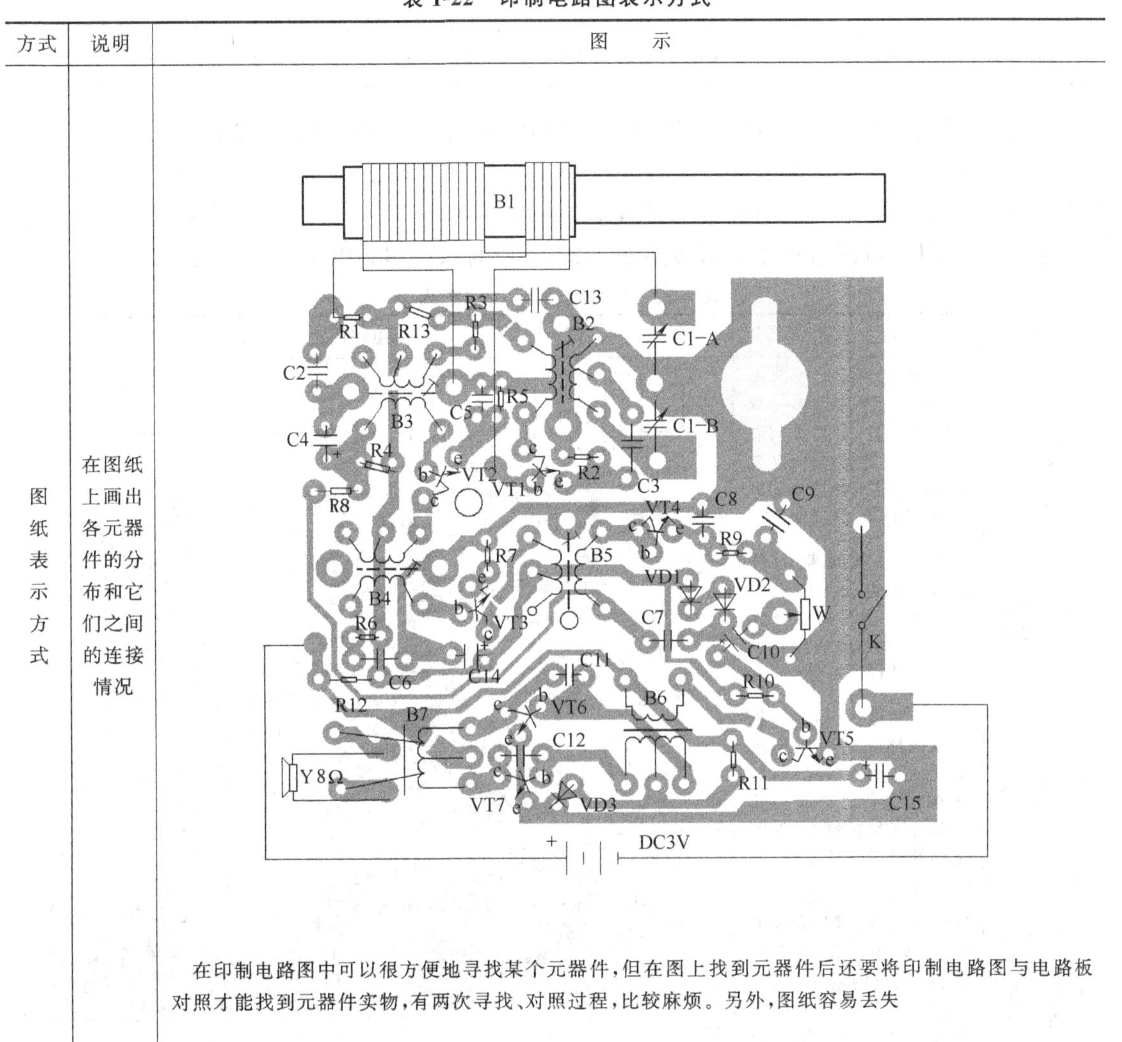 在印制电路图中可以很方便地寻找某个元器件，但在图上找到元器件后还要将印制电路图与电路板对照才能找到元器件实物，有两次寻找、对照过程，比较麻烦。另外，图纸容易丢失

续表

方式	说明	图　示
直标方式	在电路板上直接标注元器件编号的方式	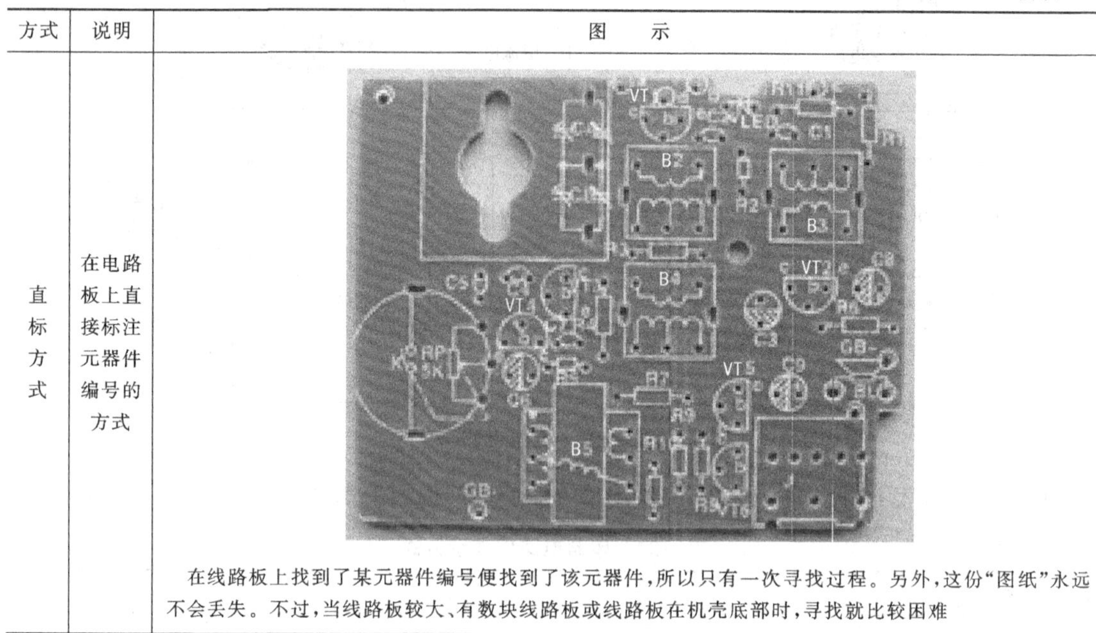 在线路板上找到了某元器件编号便找到了该元器件，所以只有一次寻找过程。另外，这份“图纸”永远不会丢失。不过，当线路板较大、有数块线路板或线路板在机壳底部时，寻找就比较困难

由于印制电路在设计过程中要注意前后级间的干扰、接地位置、元器件的大小、开关与接插件的安排以及整机配套安装的合理布局等一系列工艺问题，因此印制电路不一定和原理图那样按信号流程排列，没有什么明显规律。对于初学者来说，识读印制电路图存在一定困难。在实际练习、应用过程中，可按照表 1-23 所列的识读印制电路图的要点进行。

表 1-23　识读印制电路图的要点

要点	说　明	情境电路图例
找核心元器件	晶体管、开关、双联电容、中周和变压器等元器件标志醒目，引脚排列有规律，常以其为核心，和其他外围元器件构成单元电路，如图例中的标识符号 1	
根据外接引线功能读图	例如要找退耦元件 C_{15}，可由电池正极引线到印制电路图接点查找（要结合电路原理图），如图例中的标识符号 2	
接地面积大	在印制电路中，大面积铜箔线路是电路原理图的地线。一般情况下，地线是相通的。中周与开关等外壳是接地的，如图例中的标识符号 3	
利用某些引出脚排列特殊的接点读图	例如要找前置低放 VT_5 的基极，可从音量电位器 W 的滑动触头入手，沿该点的铜箔线，找到耦合电容 C_{10}，即可找到 VT_5 的基极，如图例中的标识符号 4	

【任务实施及考核】

① 根据情境电路原理图在图 1-28 所示的框图中填入对应的电路名称，并分别画出 A、B、C、D、E、F、G、H 各点波形。

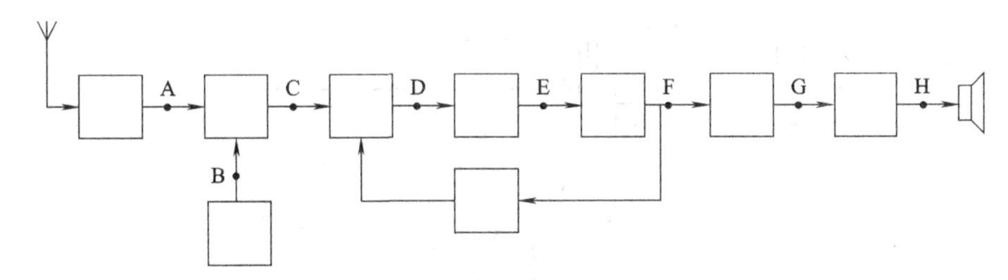

图 1-28　情境电路考核框图

② 根据情境电路原理图分别画出变频、一中放、二中放、前置低放和功放电路的直流通路。

③ 根据上题完成的直流通路，参考任务一完成的参数测试结果分别估算变频、一中放、二中放、前置低放和功放电路的静态值（I_B、I_C 和 U_{BE}）。

④ 根据情境电路原理图将各元器件的作用填入表 1-24。

表 1-24　各元器件的作用

序号	元器件	作　用	序号	元器件	作　用
1	R_1		24	C_{10}	
2	R_2		25	C_{11}	
3	R_3		26	C_{12}	
4	R_4		27	C_{13}	
5	R_5		28	C_{14}	
6	R_6		29	C_{15}	
7	R_7		30	B_1	
8	R_8		31	B_2	
9	R_9		32	B_3	
10	R_{10}		33	B_4	
11	R_{11}		34	B_5	
12	R_{12}		35	B_6	
13	R_{13}		36	B_7	
14	W		37	VD_1	
15	C_1		38	VD_2	
16	C_2		39	VD_3	
17	C_3		40	VT_1	
18	C_4		41	VT_2	
19	C_5		42	VT_3	
20	C_6		43	VT_4	
21	C_7		44	VT_5	
22	C_8		45	VT_6	
23	C_9		46	VT_7	

⑤ 对照情境电路原理图，在其直标表示的印制电路板上逐个寻找元器件位置。

⑥ 对照图 1-21 和图 1-29，2 分钟内在印制电路板上（见图 1-30）上找到 VT_1、VT_2、VT_3、VT_4、VT_5、VT_6、VT_7、B_1、B_2、B_3、B_4、B_5、B_6、B_7、VD_1、VD_2、VD_3 的具体位置。

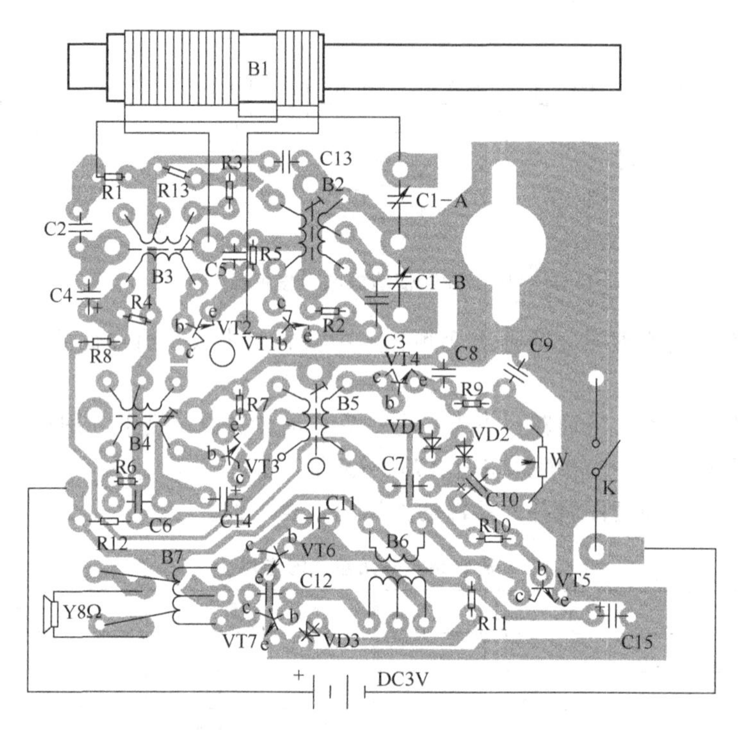

图 1-29　图纸表示的印制电路

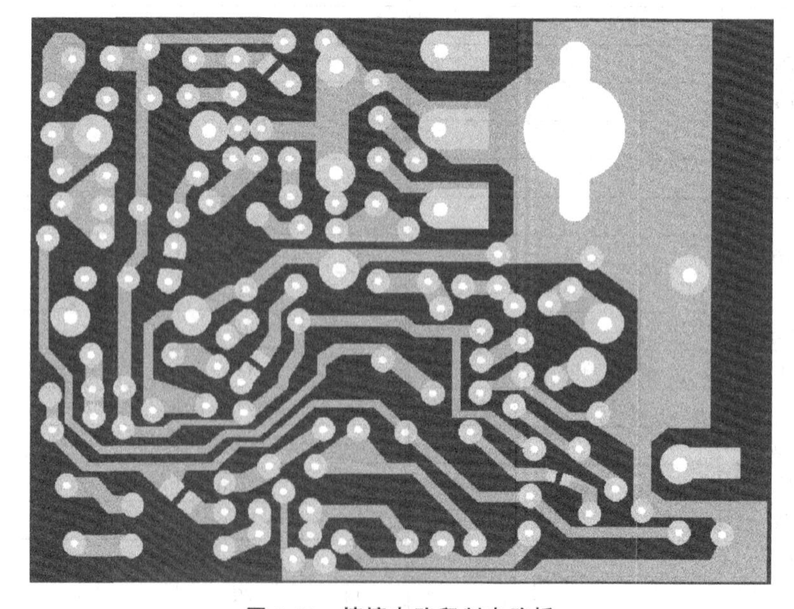

图 1-30　情境电路印制电路板

⑦ 在图 1-29 中，用不同颜色的笔分别画出功率放大电路、一中放电路的元器件及连线（印制导线——铜箔走线）。

任务三　焊接技术的学习与掌握

【任务描述】

熟悉电烙铁的使用和维护方法，理解焊接机理，掌握手工焊接、拆焊的要领，最后通过焊接、拆焊操作练习，进而提高手工焊接和拆焊的技能，为完成电子产品的焊接打好基础。另外，通过掌握手工焊接技术这个必要的学习过程，接触自动焊接相关的主要知识，为电子操作技能的拓展做好铺垫。焊接和拆焊技术是影响装配质量和维修质量的重要因素，是保证电子整机质量的前提，也是电子技术基本功的基本内容。

【知识链接】

一、电烙铁的使用与维护

电烙铁是进行手工焊接的最常用工具，是根据电流通过加热器件产生热量的原理而制成的。其标称功率有 20W、35W、40W、50W、75W、100W、150W、200W、300W 等，应根据需要进行选用。

随着焊接技术的需要和不断发展，电烙铁的种类不断增加，除常用的外热式、内热式电烙铁外，还有恒温电烙铁、吸焊电烙铁、微型电烙铁等。实训室进行电子设备装配与维修中常用的焊接工具是内热式电烙铁和恒温式电烙铁，如图 1-31 所示。由于内热式电烙铁使用频率最高，所以本处重点介绍内热式电烙铁。

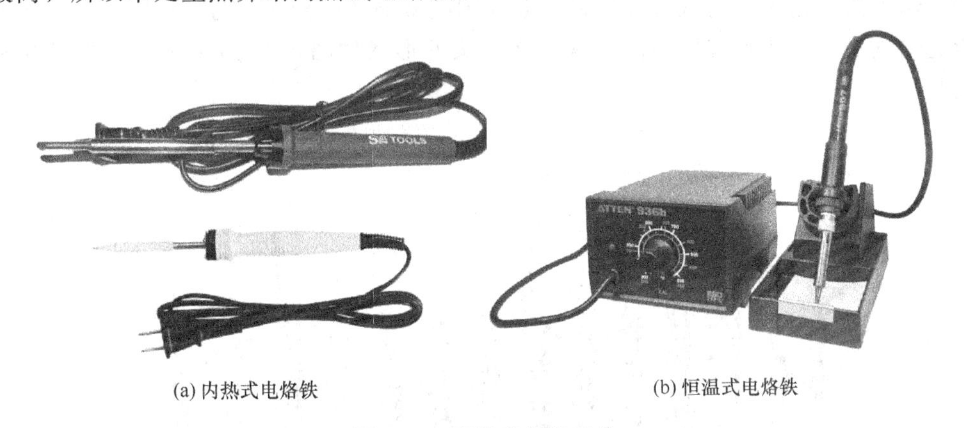

(a) 内热式电烙铁　　(b) 恒温式电烙铁

图 1-31　实训室焊接工具

1. 内热式电烙铁的结构

内热式电烙铁的烙铁芯是用电热丝缠绕在密闭的陶瓷管上组成，然后插在烙铁头里面，直接对烙铁头加热，故称为内热式。内热式电烙铁的特点是热效率高、升温快、体积小、重量轻、耗电低，由于烙铁头的温度是固定的，因此温度不能控制。常用规格有 20W、35W 和 50W 等。内热式电烙铁结构比较简单，由烙铁头、烙铁芯、外壳、手柄和电源导线 5 个主要部分组成，如图 1-32 所示。

2. 电烙铁的选用

选用电烙铁的主要依据是电子设备的电路结构形式、被焊元器件的热敏感性、使用焊料的特性等。满足这些要求，主要从电烙铁的热性能考虑。

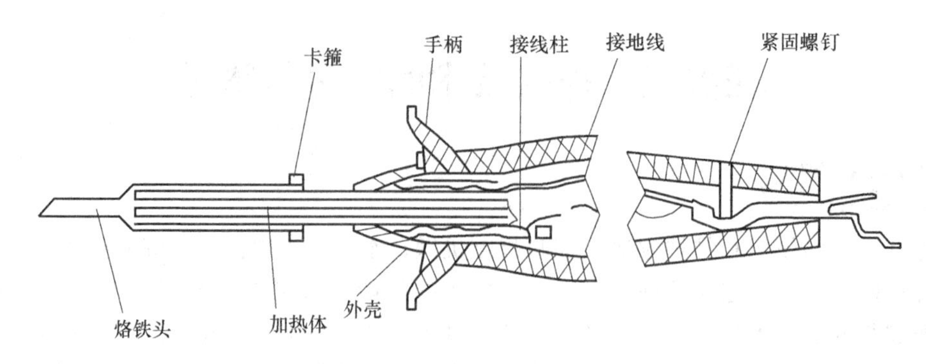

图 1-32　内热式电烙铁的结构

(1) 电烙铁功率的选择　电烙铁上标出的功率，并不是它的实际功率，而是单位时间内消耗的电源能量。加热方式不同，相同瓦数的电烙铁的实际功率有较大差别。因此，选择电烙铁的功率一般应根据焊接工件的大小、材料的热容量、形状、焊接方法和是否连续工作等因素考虑。

① 焊接集成电路、晶体管及受热易损元器件，一般选 20W 内热式或者 25W 外热式电烙铁。

② 焊接导线、同轴电缆时，应选用 45～75W 外热式电烙铁或者 50W 内热式电烙铁。

③ 焊接较大的元器件，如行输出变压器的引脚、金属底盘接地焊片等，应选用 100W 以上的电烙铁。

本情境电路组装的超外差收音机的各元件基本都属于第一种，因此实际应用中选择 20W 内热式电烙铁。

(2) 烙铁头的选用　烙铁头的材料一般选用纯紫铜制作较好。为了适应不同焊接物的要求，所选烙铁头的形状也有所不同，常用烙铁头的形状如图 1-33 所示，其基本形式及简单说明见表 1-25。

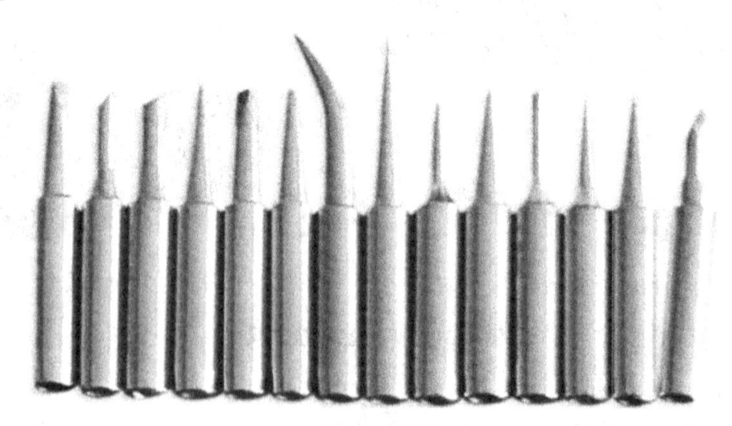

图 1-33　常用烙铁头的形状

表 1-25　烙铁头基本形式及简单说明

烙铁头外形	形　式	应　用
	圆斜面	通用
	凿式	长形焊点

续表

烙铁头外形	形　式	应　用
	半凿式	较长焊点
	尖锥式	密集焊点
	圆锥式	密集焊点
	斜面复合式	通用
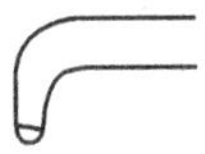	弯形	大焊件

表1-25中圆斜面式的烙铁头适合焊接电阻、二极管之类的元件，具有一定的通用性，比较适合常用电子产品的组装和维修，所以实训室中通常使用此类烙铁头。

3. 烙铁头的处理

若是新烙铁或者经过一段时间的使用后烙铁头表面发生严重氧化甚至损坏的情况下，必须对烙铁头进行处理，具体方法是：先用锉刀将烙铁头按照需要锉成一定的形状，接通电源待电烙铁加热到刚好能熔化松香的温度时，将松香涂在烙铁头上，然后再涂上焊锡，当烙铁头的刃面全部挂上一层锡后即可使用。烙铁头的处理是正确进行焊接的前提，必须给予重视。

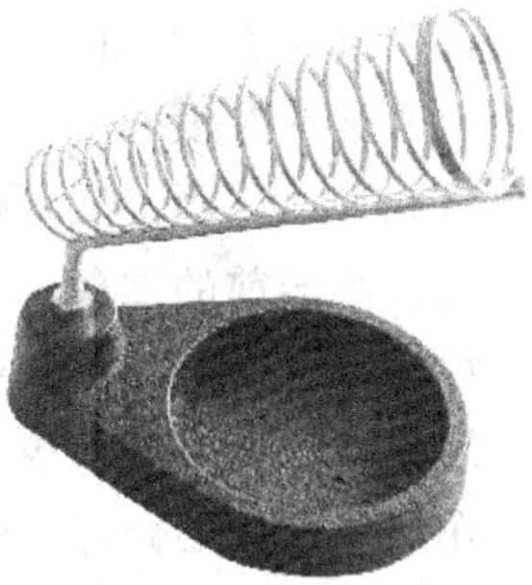

4. 内热式电烙铁使用的注意事项

① 电烙铁在使用中，不能用力敲打，要防止跌落；烙铁头上焊锡较多时，可用百洁布擦拭，不可乱甩，以防烫伤他人。

② 焊接过程中烙铁不能随便乱放，不焊接时应将烙铁放在烙铁架上，常用的烙铁架如图1-34所示，同时注意电源线不要被烙铁烫到，防止出现安全事故。

图1-34　烙铁架

③ 利用松香判断烙铁头的温度。焊接过程中需要使烙铁处于适当温度，可以用松香来判断烙铁头的温度是否适合焊接。在烙铁头上熔化一点松香，根据松香的烟量大小判断温度是否合适，见表1-26。

④ 焊接中要保持烙铁头的清洁，可用浸湿的百洁布或湿海绵及时地进行擦拭。

⑤ 烙铁头经过一段时间的使用后，会发生表面凹凸不平，而且氧化层严重，不粘锡，这种情况常称为“烧死”，也称为“不吃锡”。出现这种状况必须重新处理上锡，方法与新烙铁处理方法相同。

⑥ 电烙铁使用后，应及时切断电源，等烙铁完全冷却后，再将电烙铁收回工具箱。

5. 电烙铁的拆装与故障处理

(1) 电烙铁的拆装　拆卸电烙铁首先拧松手柄上的紧固螺钉，旋下手柄，然后拆下电源线和烙铁芯，最后拔下烙铁头。安装时的次序与拆卸相反，只是在旋紧手柄时，不能将电源线随手柄一起旋动，以免将电源线接头处绞断而造成开路或绞在一起而形成短路。需要注意的是，在安装电源线时，其接头处裸露的铜线一定要尽可能短，以免发生短路事件。

表 1-26　利用松香判断烙铁头的温度

图例			
现象	松香不易熔化，烟量小，持续时间长	松香熔化较快，烟量中等，烟消失时间为 6～8s	松香迅速熔化，发出声音，并产生大量的蓝烟，其颜色很快由淡黄色变成黑色。烟量大，消失很快
温度判断	温度低，不适合焊接	烙铁头部温度适当，适于焊接	温度高，不适合焊接

（2）电烙铁的故障处理　电烙铁是比较简单的用电设备，通常情况下容易出现的故障有短路和开路两种。

① 短路的地方一般在手柄中或插头中的接线处。判别时可用万用表电阻挡检查电源线插头之间的电阻，若发现阻值趋近于零，便可逐步拆卸排除短路故障。

② 若接上电源几分钟后，电烙铁仍不发热，而此时电源供电又正常，那么一定是电烙铁的工作回路存在开路情况。以实训室常用的 20W 电烙铁为例，首先断开电源，然后旋开手柄，用万用表 $R\times100$ 挡测烙铁芯两个接线柱之间的电阻值。如果测出的电阻值在 2kΩ 左右，说明烙铁芯没问题，一定是电源线或接头断路，应更换电源线或重新连接；如果测出的电阻值无穷大，则说明烙铁芯的电阻丝烧断，应更换烙铁芯。

二、焊接前的准备

焊接是电子产品组装中非常重要的环节之一，一个虚焊点就会给整机的调试带来相当大的麻烦。由于要在众多焊点中找到虚焊点不是一件容易的事情，所以焊接工作必须精益求精。在电子产品的修理与装配中，焊接前的准备也是焊接的关键工序之一。

1. 焊料、焊剂的选择

（1）焊料　是一种易熔的金属及其合金，它的熔点比被焊金属的熔点低，熔化时能在被焊金属表面形成合金层，从而将被焊金属连接在一起。

按照焊料成分的不同，有铅锡焊料、银焊料、铜焊料等。在一般电子产品的焊接中，主要使用铅锡焊料，手工焊接常用的有松香芯的焊锡丝，这种焊锡丝熔点较低，而且内含松香助焊剂，使用极为方便。常用焊锡丝的直径有 0.5mm、0.8mm、1.0mm、…、5.0mm 多种规格，要根据焊点的大小选用，一般应选择焊锡丝的直径略小于焊盘的直径。

（2）助焊剂　要得到一个好的焊点，被焊物必须要有一个完全无氧化层的表面，但金属一旦暴露于空气中就会生成氧化层，这种氧化层无法用传统溶剂清洗，此时必须依赖助焊剂与氧化层发生化学作用，当助焊剂清除氧化层之后，干净的被焊物表面才可与焊锡结合。在电子产品装配中通常选择松香、松香水和焊锡膏作为助焊剂。

松香是电子维修和装配中最常用的助焊剂。松香有黄色、褐色两种，以淡黄色、透明度好的松香为首选品。松香水不是水，它是由松香、酒精、三乙醇胺配制而成的液体助焊剂，其比例为 10∶39∶1。

（3）阻焊剂　是一种耐高温的涂料，它的作用是使焊接只在需要焊接的焊点上进行，而将不需要焊接的部分保护起来。应用阻焊剂可以防止桥连、短路等情况发生，减少返修，提高生产效率，节约焊料，并且可使焊点饱满，减少虚焊现象，提高焊接质量。

在进行浸焊、波峰焊、高密度印制电路焊接时往往选择阻焊剂，对于本情境电路的组装没必要应用，但对以后电子电路的进一步学习有一定的帮助，希望大家参考。

2. 焊接的坐姿、烙铁的握法及焊锡丝的拿法

（1）焊接的坐姿　助焊剂加热挥发出的化学物质对人体是有害的，如果操作时鼻子距离烙铁头太近，则很容易将有害气体吸入。因此进行焊接操作时应挺胸端坐，切勿弯腰，使烙铁头离开鼻子的距离不应小于 30cm，通常以 40cm 的距离为宜（距烙铁头 20～30cm 处的有害化学气体、烟尘的浓度是卫生标准所允许的）。

（2）电烙铁的握法　有三种，如图 1-35 所示。反握法动作稳定，长时间操作不易疲劳，适用于大功率烙铁的操作；正握法适用于中等功率电烙铁或带弯头电烙铁的操作，它适合于大型电子设备的焊接；笔握法所使用的烙铁头一般是直型的，适合小型电子设备和印制电路板的焊接，实训操作时通常采用笔握法。

(a) 反握法　(b) 正握法　(c) 笔握法

图 1-35　电烙铁的握法

（3）焊锡丝的拿法　焊锡丝一般有两种拿法，如图 1-36 所示。一种是连续焊接的拿法，即用左手的拇指、食指和中指夹住焊锡丝，用另外两个手指配合就能把焊锡丝连续向前送进，适用于连续焊接。另一种是断续焊接的拿法，焊锡丝通过左手的虎口，用大拇指和食指夹住，这种方法不能连续向前送进焊锡丝，适用于断续焊接。

(a) 连续焊接　(b) 断续焊接

图 1-36　焊锡丝的拿法

3. 焊接前的准备工作

为了提高焊接的质量和速度，避免虚焊等缺陷的存在，应该在装配前对焊接表面进行可焊性处理，整个焊接前的准备过程分为两步。

（1）去氧化层　元器件引线一般都镀有一层薄薄的锡料，但时间一长，引线表面会产生一层氧化膜而影响焊接，所以焊接前先要用刮刀将氧化层去掉。

注意事项如下。

① 去除元器件引线氧化层的工具可用废锯条做成的刮刀，如图 1-37（a）所示。焊接前应先刮去引线上的油污、氧化层或绝缘漆，直到露出紫铜表面，使其表面不留一点脏物为止，如图 1-37（b）所示，此步骤也可用细砂纸打磨的方法代替。

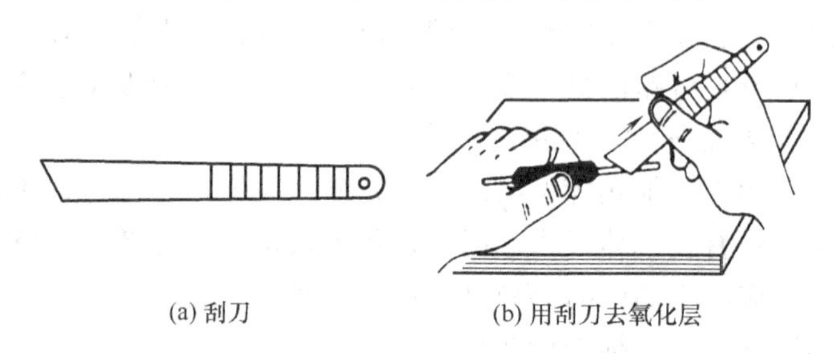

(a) 刮刀　　(b) 用刮刀去氧化层

图 1-37　刮刀及去氧化层方法

② 对于有些镀金、镀银的合金引出线，因为其基材难于上锡，所以不能把镀层刮掉，可用粗橡皮擦去表面的脏物。

③ 元器件引脚根部留出一小段不刮，以免引线根部被刮断。

④ 对于多股引线也应逐根刮净，刮净后将多股线拧成绳状。

（2）搪锡　在电子元器件的待焊面（引线或其他需要焊接的地方）镀上焊锡的过程即为搪锡。搪锡是焊接之前一道十分重要的工序，尤其是对于一些可焊性差的元器件，搪锡更是至关重要的。具体的操作过程如下：首先将刮好的引线放在松香上使引线涂上助焊剂，然后用带有焊锡的烙铁头轻压引线，往复摩擦、连续转动引线，使引线各部分均匀镀上一层锡，基本过程如图 1-38 所示。

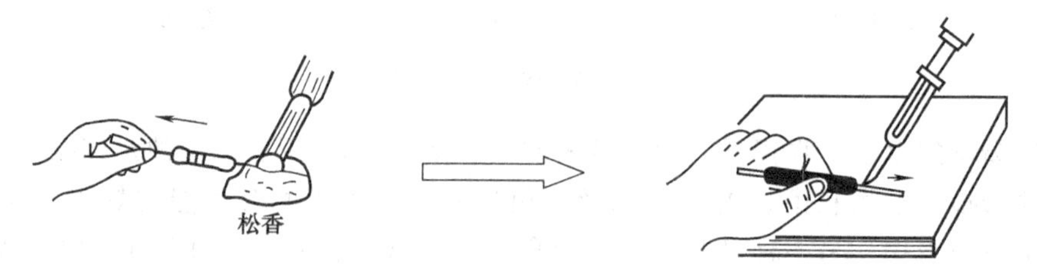

图 1-38　元器件引线搪锡基本过程

注意事项如下。

① 引线进行清洁处理后，应尽快搪锡，以免表面重新氧化。

② 搪锡前应将引线先蘸上助焊剂。

③ 对多股引线搪锡时导线一定要拧紧、防止搪锡后直径增大不易焊接或穿管。

4. 元器件引线成形

元器件引线成形是指在焊接前把元器件引线弯曲成一定的形状。引线的成形要根据焊盘插孔之间的距离以及插装的要求来进行，目的是为了使元器件在印制电路板上的插装能迅速准确，并保证元器件在印制电路板上排列整齐美观、便于焊接。

对于轴向双引线的元器件（如电阻、二极管等），通常可采用卧式成形和立式成形两种方法，如图 1-39 所示。成形时首先要将元器件引线拉直、去除氧化层并搪锡，然后根据焊盘插孔之间的距离合理地进行成形操作。元器件引线成形主要有模具成形、专用设备成形以及用镊子或尖嘴钳成形等方法。模具成形和专用设备成形可以保证元器件成形的质量、一致

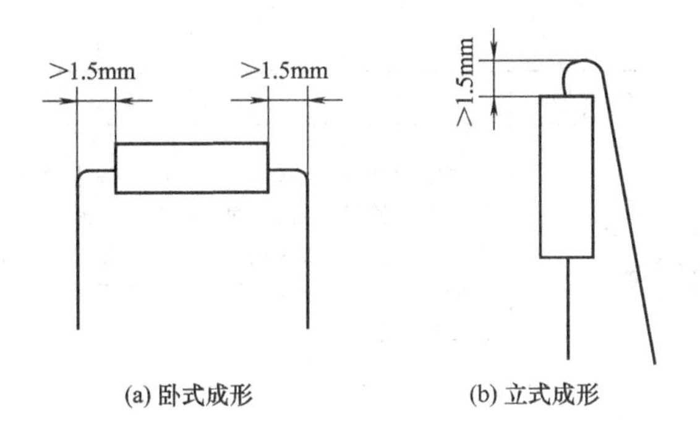

(a) 卧式成形　(b) 立式成形

图 1-39　元器件引线成形

性和效率。而在没有模具和专用设备时，通常采用手工成形的方法。一般元器件的成形可借助镊子来完成，对于引线较粗的元器件可借助尖嘴钳来进行。

基本要求如下。

① 成形尺寸准确，形状符合要求。

② 元器件引线弯曲处离元器件端面距离大于 1.5mm。

③ 弯曲半径要大于 2 倍的引脚直径，且要保证两端引线平行。

④ 轴向引线元器件成形时要尽量保证两端弯曲的距离相等。

⑤ 成形时不能损伤元器件、不能刮伤引线镀层。

⑥ 成形后不允许有机械损伤。

三、手工焊接技术

手工焊接是锡铅焊接技术的基础，手工焊接的质量，直接影响整机设备的质量。因此，保证高质量焊接是至关重要的，只有经过大量的实践，不断积累经验，才能真正掌握这门工艺技术。

1. 手工焊接的基本步骤

(1) 五步操作法　对于热容量较大的焊件，手工焊接时应采用五步操作法，具体操作过程见表 1-27。

表 1-27　手工焊接五步操作法

步　骤	图　示	方　法
准备施焊	焊锡　烙铁	准备好被焊元器件，将电烙铁加热到工作温度，烙铁头保持干净并吃好锡，一手握好电烙铁一手拿好焊锡丝，烙铁头和焊锡丝同时移向焊点，电烙铁与焊锡丝分别居于被焊元器件两侧
加热被焊件		烙铁头接触被焊元器件端子和焊盘在内的整个焊件全体，使其均匀受热。一般让烙铁头大部分接触热容量较大的焊件，烙铁头边缘部分接触热容量较小的焊件，以保证焊件均匀受热，不要施加压力或随意拖动烙铁

续表

步　骤	图　示	方　法
送入焊锡丝		当被焊部分升温到焊接温度时,焊锡丝从电烙铁对面送入并与元器件焊点部位接触,熔化并润湿焊点。送锡量要合适,一般以能全面润湿整个焊点为佳。如果焊锡堆积过多,内部就可能掩盖着某种缺陷隐患,而且焊点的强度也不一定高;若焊锡填充得太少,就会出现焊点不够饱满,焊接强度较低的问题
移开焊锡丝		当焊锡丝熔化到一定量以后,迅速移去焊锡丝
移开电烙铁		撤离电烙铁是整个焊接过程中相当关键的一步,当焊点接近饱满,助焊剂尚未完全挥发、焊点最光亮、流动性最强的时候,迅速移去电烙铁,否则会留下不良焊点。电烙铁撤离方向会影响焊锡的存留量,一般以与轴向成45°的方向撤离。撤掉电烙铁时应熟练、迅速地往回收,以免形成拉尖;收电烙铁的同时,应轻轻旋转一下,这样可以吸收多余的焊锡

(2) 三步操作法　对于热容量较小的焊件,手工焊接时通常采用三步操作法,见表1-28。

表1-28　手工焊接三步操作法

步　骤	图　示	方　法
准备		一手拿焊锡丝,一手拿上好锡的电烙铁,将焊锡丝与电烙铁靠近,处于随时可焊状态
同时加热、加锡	30° 45°	在被焊件的两侧,同时加入烙铁头和焊锡丝,以熔化适当的焊料
同时移开电烙铁、撤锡	30° 45°	当焊料的扩散范围达到要求后,迅速拿开电烙铁、撤走焊锡丝。拿开焊锡的时间不得迟于移开电烙铁的时间

以上介绍的焊接步骤,在焊接中应细心体会其操作要领,做到熟练掌握。

2. 手工焊接的操作要点和注意事项

在手工焊接过程中,除应严格按照焊接步骤操作外,还应注意以下几方面,见表1-29。

表 1-29　手工焊接的操作要点和注意事项

操作要点	注意事项
焊接温度要适当	如温度过低，焊锡只是简单地依附在金属的表面上，不能形成金属化合物，就会形成虚焊。温度过低还会使助焊剂不能充分挥发，在焊接金属物表面与焊锡之间形成松香层，由于松香是绝缘的，因而容易形成假焊
焊接时间要适当	从加热焊件到撤离电烙铁的操作一般应在 2～3s 内完成。如果焊接时间过短，则焊点上的温度达不到焊接温度，焊料熔化不充分，未挥发的焊剂会在焊料与焊点之间形成绝缘层，造成虚焊或假焊。焊接时间过长，焊点上的焊剂完全挥发，失去了助焊的作用。在这种情况下，继续熔化的焊料就会在高温下吸附空气，使焊点表面易被空气氧化，造成焊点表面粗糙、发黑、光亮度不够、焊料扩展不好、焊点不圆等。焊接时间过长、温度过高，还容易损坏被焊元器件及导线绝缘层等
焊料与助焊剂使用适量	一般情况下，所使用的松香焊锡丝本身带有助焊剂，焊接时不用再使用助焊剂 对于管座一类器件的焊接，若使用焊料过多，则多余的焊料会流入管座的底部，可能会造成引脚之间短路或降低引脚之间的绝缘；若使用助焊剂过多，不仅增加了焊后清洗的工作量，延长了工作时间，而且多余的助焊剂容易流入管座插孔焊片底部，在引脚周围形成绝缘层，造成引脚与管座之间接触不良
防止焊点上的焊锡任意流动	理想情况下的焊接是焊锡只焊接在需要焊接的部位。在焊接操作时，应严格控制焊锡流向。另外，不应该使用大功率电烙铁焊接较小的元器件，因为温度过高时，焊锡流动很快，不易控制。所以，开始焊接时焊锡要少一些，待焊点达到焊接温度时，焊锡流入焊点空隙后再补充焊料，迅速完成焊接
焊接过程中不要触动焊点	当焊点上的焊料尚未完全凝固时，不应该移动焊点上的被焊元器件以及导线，以免焊点变形，出现虚焊现象
焊接过程中不能烫伤周围的元器件及导线	对于电路结构比较紧凑、形状比较复杂的产品，在焊接时注意不要使电烙铁烫伤周围导线的塑料绝缘层及元器件表面
及时做好焊接后的清除工作	焊接完毕后，应将剪掉的导线头及焊接时掉下的锡渣等及时清除，防止落在电路板上带来隐患

3. 合格焊点的标准与检查

对焊点的质量要求最关键的一点就是必须避免假焊、虚焊和连焊。假焊会使电路完全不通；虚焊会使焊点成为有接触电阻值的连接状态，使电路的工作状态时好时坏没有规律；连焊会造成短路。此外有一部分虚焊点，在电路开始工作的一段较长时间内，保持焊点的接触尚好，因而电路工作正常，但在工作一段时间后，接触表面逐步被氧化，接触电阻值慢慢变大，最后导致电路工作不正常。所以焊接完成后应对焊接质量进行外观检查，其标准和方法见表 1-30。

表 1-30　合格焊点的质量标准与检查方法

质量标准	①焊接可靠，具有良好导电性，必须防止虚焊 ②焊点具有足够的机械强度，保证被焊件在受振动或冲击时不致脱落、松动，不能有过多焊料堆积，否则容易造成虚焊、焊点与焊点的短路 ③焊点表面要光滑、清洁，焊点表面应有良好光泽，不应有毛刺、空隙或污垢，尤其不能有助焊剂的有害残留物质 ④焊点形状应为近似圆锥而表面稍微凹陷，呈漫坡状，以元器件引线为中心，对称成裙形展开 ⑤焊点上焊料的连接面呈凹形自然过渡，焊锡和焊件的交界处平滑，接触角尽可能小 ⑥焊点干净，见不到助焊剂的残渣，在焊点表面应有薄薄的一层助焊剂

续表

质量标准		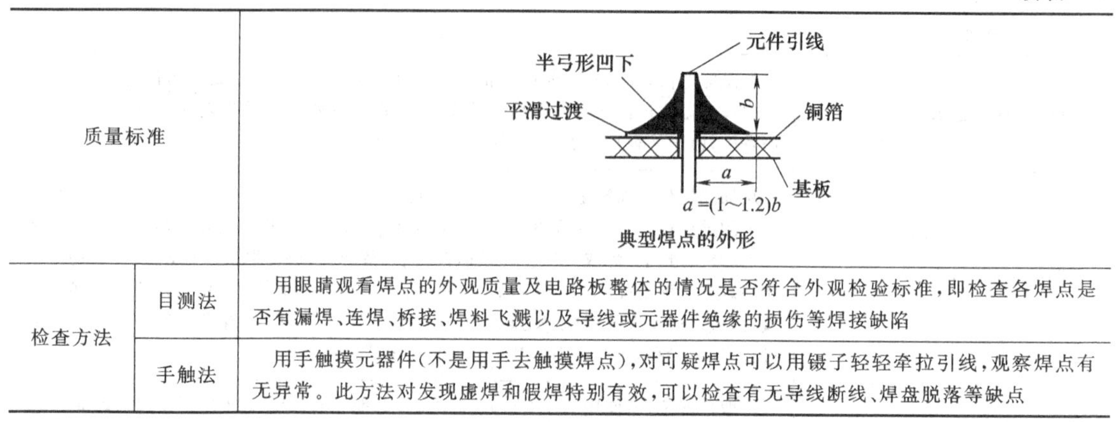 典型焊点的外形
检查方法	目测法	用眼睛观看焊点的外观质量及电路板整体的情况是否符合外观检验标准，即检查各焊点是否有漏焊、连焊、桥接、焊料飞溅以及导线或元器件绝缘的损伤等焊接缺陷
	手触法	用手触摸元器件(不是用手去触摸焊点)，对可疑焊点可以用镊子轻轻牵拉引线，观察焊点有无异常。此方法对发现虚焊和假焊特别有效，可以检查有无导线断线、焊盘脱落等缺点

4. 焊接缺陷分析

在实际焊接操作过程中，由于操作的不规范、不合理，会产生一些焊接的缺陷，为了方便判断识别，列出常见焊点外观缺陷，见表1-31。

表 1-31 常见焊点外观缺陷

焊点缺陷	外观特点	危 害	原因分析
虚焊	焊锡与元器件引脚和铜箔之间有明显黑色界限，焊锡向界限凹陷	设备时好时坏，工作不稳定	①元器件引脚未清洁好、未镀好锡或锡氧化 ②印制板未清洁好，喷涂的助焊剂质量不好
焊料过多	焊点表面向外凸出	浪费焊料，内部可能藏有缺陷	焊丝撤离过迟
焊料堆积	焊点结构松散、白色、无光泽	机械强度不足，可能虚焊	①焊料质量不好 ②焊接温度不够 ③焊锡未凝固时，元器件引线松动
焊料过少	焊点面积小于焊盘的80%，焊料未形成平滑的过渡面	机械强度不足	①焊锡流动性差或焊锡撤离过早 ②助焊剂不足 ③焊接时间太短
过热	焊点发白，表面较粗糙，无金属光泽	焊盘强度降低，容易剥落	烙铁功率过大，加热时间过长

续表

焊点缺陷	外观特点	危　害	原因分析
松香焊	焊缝中夹有松香渣	强度不足，导通不良，有可能时通时断	①焊剂过多或失效 ②焊接时间太短
冷焊	表面呈豆腐渣状颗粒，可能有裂纹	强度低，导电性能不好	焊料未凝固前焊件抖动
浸润不良	焊料与焊件交界面接触过大，不平滑	强度低，不通或时通时断	①焊件清理不干净 ②助焊剂不足或质量差 ③焊件未充分加热
拉尖	焊点出现尖端	外观不佳，容易造成桥连短路	①助焊剂过少而加热时间过长 ②烙铁撤离角度不当
桥连	相邻导线连接	电气短路	①焊锡过多 ②烙铁撤离角度不当
铜箔翘起	铜箔从印制板上剥离	印制电路板已被损坏	焊接时间太长，温度过高
松动	导线或元器件引线可移动	导电不良或不导通	①焊锡未凝固前引线移动造成空隙 ②引线未处理好
不对称	焊锡未流满焊盘	强度不足	①焊料流动性差 ②助焊剂不足或质量差 ③加热不足

5. 导线和接线端子的焊接

对于不同接线端子的结构，焊接前常用的连接方式有绕焊、钩焊和搭焊三种形式，如图1-40所示。

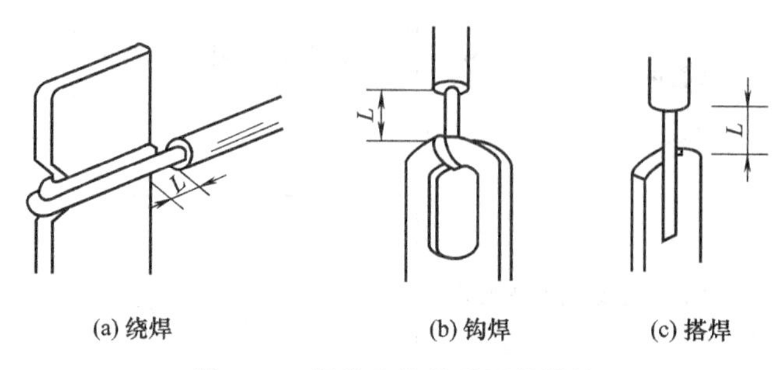

图 1-40 导线和接线端子的焊接

（1）绕焊　把经过上锡的导线端头在接线端子上缠一圈，用钳子拉紧缠牢后进行焊接，绝缘层不要接触端子，导线一定要留 1～3mm 为宜。

（2）钩焊　将导线端子弯成钩形，钩在接线端子上并用钳子夹紧后施焊。

（3）搭焊　把经过镀锡的导线搭到接线端子上施焊。

四、印制电路板的焊接

印制电路板的焊接质量必须可靠一致，才能保证整机的性能质量，所以焊接印制电路板在整机装配中占有重要的地位。尽管在自动化生产中印制电路板的焊接技术日趋完善，但在产品研制、维修等领域主要还是靠手工操作进行焊接。

印制电路板手工焊接的特点、焊接过程和注意事项见表 1-32。

表 1-32 印制电路板的手工焊接的特点、焊接过程和注意事项

焊接特点		印制电路板是用胶黏剂将铜箔压粘在绝缘板上制成的。绝缘板常采用环氧玻璃布、酚醛绝缘纸板等。一般环氧玻璃布覆铜箔板允许连续使用的温度为 140℃左右，远低于焊接温度。由于铜箔与绝缘材料的粘合能力并不很强，且它们的热膨胀系数又不相同，如果焊接的温度过高、时间过长，就会引起印制电路板起泡、变形，严重的还会导致铜箔脱落 在无线电整机产品中，插在印制电路板上多为小型元器件，对于晶体管、固体元器件、热塑件等小型元器件，其耐高温的能力较差，所以在焊接印制电路板时，要根据具体情况，选择合适的焊接温度、焊接时间、焊料和助焊剂
焊接过程	焊接前的准备	①印制电路板的检查：在插装元器件前检查印制电路板的可焊性。检查印制电路板的表面处理是否合格，有无氧化发黑或污染变质。如有氧化变质现象可用蘸无水酒精的棉球擦拭。印制电路板不要保存时间过长，以免影响焊接质量 ②元器件检查与搪锡 ③元器件的成形 ④元器件的插装
	印制电路板的焊接	印制电路板进行手工焊接时，一般采用三步焊接法进行连续焊接，基本要求是操作要准、快。尽量避免复焊，对未焊好的焊点，复焊次数不得超过 2 次
焊接注意事项		①温度要适当，加热时间要短。印制电路板的焊盘面积小、铜箔薄，一般每个焊盘只穿入一根引线，并露出很短的线头，每个焊点能承受的热量很少，只要烙铁头稍一接触，焊点即达到焊接温度，烙铁头的温度下降也很少，接触时间一长，焊盘即被损坏。因此焊接时间要短，一般为 2～3s ②焊料与助焊剂使用要适量，焊料以包着引线涂满焊盘为准。一般情况下，焊盘带有助焊剂，且使用松香焊锡丝，所以不必再使用助焊剂

五、自动焊接

随着电子技术的不断发展，电子设备朝多功能、小型化、高可靠性方向发展。电路变得越来越复杂，设备组装的密度加大，手工焊接已很难满足高效率的要求。随着实训室设备的不断更新，电子课程的教学也会朝这一方向发展；另外为了更好地适应企业生产的需要，可以设置两周的企业电子产品生产的代工实习，代工实习会接触很多自动焊接的操作，所以在此补充介绍手工浸焊和手工贴片焊接。

1. 浸焊

浸焊是将安装好元器件的印制电路板浸入熔化的锡锅内一次完成所有焊点焊接的方法。这种方法比手工焊接操作简单、效率高，适用于批量生产。但是焊接质量不如手工焊接，有虚焊现象，容易造成焊锡浪费等。

（1）手工浸焊　工人手持专用夹具将已插好元器件的印制电路板喷涂助焊剂后放入锡锅进行焊接，如图 1-41 所示，然后冷却剪切引线再检查修补焊点。放入锡锅时电路板与焊锡液成 30°～45°切入，水平经过，浸入电路板的 50%～70%，浸入时间 3～5s 拿出。

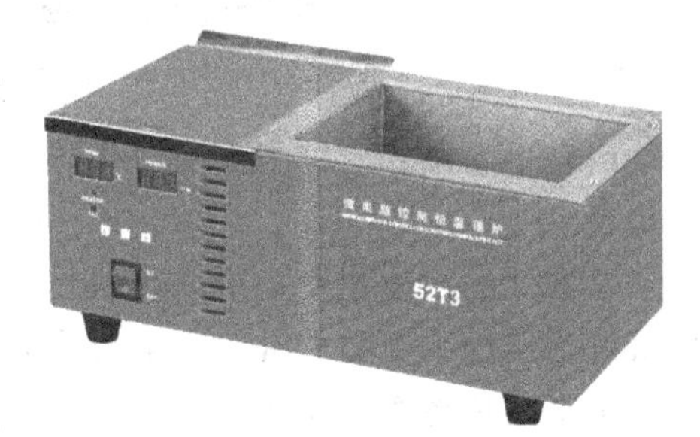

图 1-41　手工浸焊锡锅

（2）手工浸焊注意事项

① 锡锅的温度应严格控制在所要求的范围内，不应过高或过低，通常取 230～250℃为宜。如果温度过低，焊锡流动性差，印制电路板浸润不均匀；若温度过高，印制电路板易弯曲，铜箔易翘起。

② 对未安装元器件的安装孔，要贴上特制的阻焊膜，以免焊锡填入孔内。

③ 使用锡锅浸焊，要随时清理刮除漂浮在熔融锡液表面的氧化物、杂质和焊料废渣，避免废渣进入焊点造成夹渣焊。

④ 浸焊时要防止焊锡喷溅，操作时注意安全。

⑤ 根据焊料使用消耗的情况，及时补充焊料。

2. 表面贴装工艺

表面安装元器件是指适合表面贴装的微小型、无引线或短引线元器件，其焊接端子都制作在同一平面内，外形为矩形片状、圆柱形或不规则形，又称为片式元器件。片式元器件按其功能分为片式无源元器件，如片式电阻、电容、电感和复合元器件（谐振器、滤波器）等，称为 SMC；片式有源元器件，如集成元器件、片式机电元器件（片式开关、继电器）等，称为 SMD。

表面安装技术（SMT）是将表面安装形式的元器件，用专用的胶黏剂或者焊膏固定在预先制作好的印制电路板上，在元器件的安装面实现安装，如图 1-42 所示。

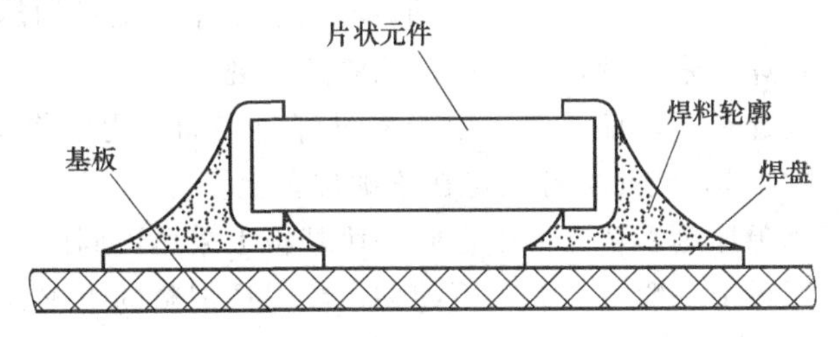

图 1-42　SMT 贴装工艺

SMT是一种电子元器件贴焊工艺技术。目前中、小型企业广泛使用的回流焊生产单面板技术，其主要的生产工序是涂膏、手工贴片、再流焊、清洗和检测。

(1) 涂膏　焊膏是由作为焊料的金属合金粉末与糊状助焊剂均匀混合而形成的膏状焊料。采用手工丝网印刷的方式将焊膏以印刷的方法通过丝网板的开口孔涂敷在焊盘上，如图1-43所示。通过丝网印刷，可一次性高效率地完成涂膏。

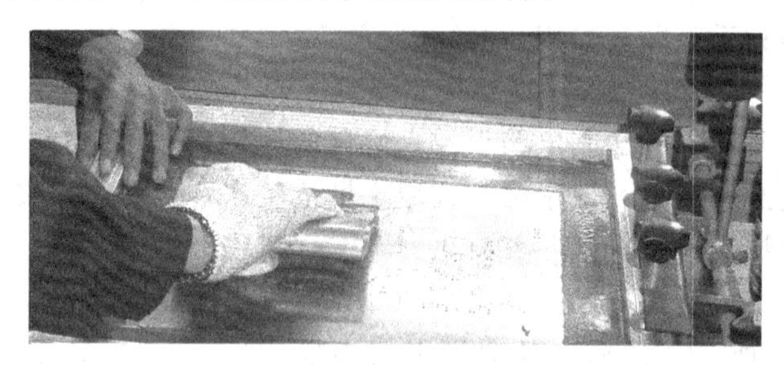

图1-43　手工丝网印刷涂膏

(2) 手工贴片　把表面安装元器件贴装到印制电路板上，使它们的电极准确定位于各自的焊盘。

元器件的贴放主要是拾取和贴放下去两个动作。手工贴放时，最简单的工具是小镊子，但最好是采用手工贴放机的真空吸管拾取元件进行贴放。

手工贴片注意事项如下。

① 必须避免元件相混。

② 应避免元件上有不适当的张力和压力。

③ 应夹住元件的外壳，而不应夹住它们的引脚和端接头。

④ 工具头部不应沾带胶黏剂和焊膏。

⑤ 没有贴放准确的元件应予以抛弃或清洗后使用。

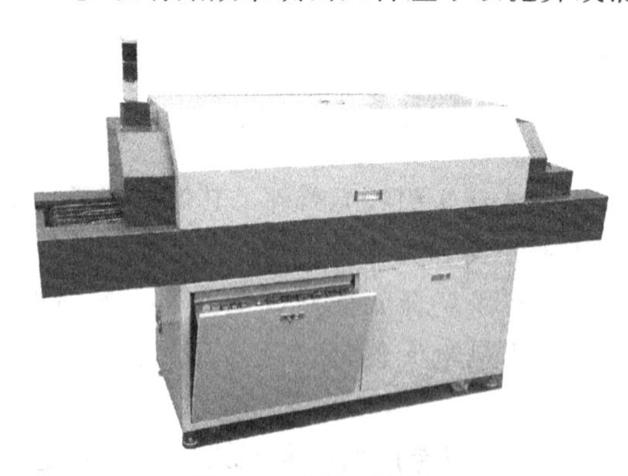

图1-44　回流焊设备

(3) 再流焊　又称回流焊，是SMT的主要焊接方法。回流焊是先将焊料加工成一定粒度的粉末，加上适当的液态胶黏剂，使之成为有一定流动性的糊状焊膏，用它将待焊元器件粘在印制电路板上，然后加热使焊膏中的焊料熔化而再流动，因此达到将元器件焊到印制电路板上的目的，如图1-44所示。

回流焊注意事项如下。

① 元器件不直接浸渍在熔融的焊料中，所以元器件受到的热冲击小。但由于加热方式不同，有时施加给元器件的热应力较大。

② 使用焊膏能控制焊料施放量，避免桥接现象的出现。

③ 当元器件贴放位置有一定偏差时，由于熔融焊料表面张力的作用，只要焊料施放位置正确，就能自动校正偏差，使元器件固定在正确位置上。

④ 可以采用局部热源加热，从而可以在同一块基板上采用不同的焊接工艺。

⑤ 使用焊膏时，焊料中一般不会混入不纯物，能保证焊料的组成。

(4) 清洗工艺　由于贴装密度高、电路引线细，当助焊剂残留物或其他杂质存留在印制板表面或空隙中，会导致产品在使用过程中，在各种应力的加速作用下，使电路及元器件引线因腐蚀而断路，所以必须及时清洗，才能保证产品的可靠性。

通常清洗类型是按所采用的清洗剂的不同而区分，主要有溶剂清洗、半水清洗、水清洗三种类型。清洗方法有离心清洗、汽相清洗、超声清洗、喷射清洗。

(5) 检测　SMT焊点的质量标准：可靠的电气连接；足够的机械强度；光洁整齐的外观。通过检测若发现SMT焊点存在缺陷，可进行维修。

六、拆焊技术

将已焊好的焊点进行拆除的过程称为拆焊。在电子产品的调试、维修、装配中，常常需要更换一些元器件，即要进行拆焊。拆焊是焊接的逆向过程，由于拆焊方法不当，往往会造成元器件的损坏，如印制导线的断裂和焊盘的脱落，尤其是更换集成电路时，所以拆焊就更有一定的难度，更需要使用恰当的方法和工具。

1. 拆焊工具

除普通电烙铁外，比较常用的拆焊工具还有镊子、吸锡电烙铁、吸锡器和热风枪。

(1) 镊子　拆焊以选用端头较尖的不锈钢镊子为宜，如图1-45所示，它可以用来夹住元器件引线，挑起元器件引脚或线头。

(2) 吸锡电烙铁　在构造上的主要特点是烙铁头是空心的，然后把加热器和吸锡器装在一起，如图1-46所示，因而可以利用它很方便地将要更换的元器件从电路板上取下来，而不会损坏元器件和电路板。对于更换集成电路等多管脚的元器件，优点更为突出。吸锡电烙铁又可作为一般电烙铁使用，所以它是一件非常实用的焊接工具。

吸锡电烙铁的使用方法是：接通电源，预热5～7min后向内推动活塞柄到头卡住，将吸锡电烙铁前端的吸头对准欲取下的元器件的焊点，待焊料熔化后，小拇指按一下控制按钮，活塞后退，熔化的焊料便吸进储锡盒内。每推动一次活塞（推到头），可吸锡一次。如果一次没有把锡料吸干净，可重复进行，直到干净为止。

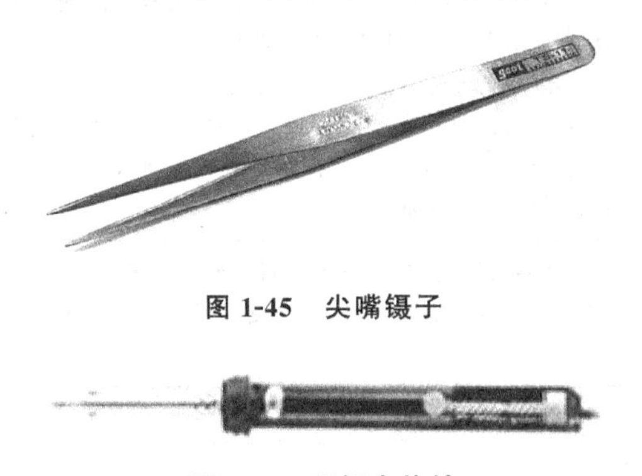

图1-45　尖嘴镊子

图1-46　吸锡电烙铁

图1-47　用吸锡器拆焊

(3) 吸锡器　用以吸取印制电路板焊盘的焊锡，它一般与电烙铁配合使用，先使用电烙铁将焊点熔化，再用吸锡器吸除熔化的焊锡。如图1-47所示。

(4) 热风枪　是一种贴片元器件和贴片集成电路的拆焊、焊接专用工具，如图1-48所示。其特点是采用非接触印制电路板的拆焊方式，使印制电路板免受损伤；热风的温度及风量可调节，不易损坏元器件。其操作如图1-49所示。

2. 焊点的拆焊方法及操作说明

焊点的拆焊方法及操作说明见表1-33。

图 1-48　热风枪

图 1-49　用热风枪拆焊

表 1-33　焊点的拆焊方法及操作说明

拆焊方法	操作说明
分点拆焊法	对卧式安装的阻容元器件，两个焊点距离较远，可采用电烙铁分点加热，逐点拔出。如果引线是弯曲的，用镊子弄直后再进行拆除。具体方法是将印制板竖起，一边用电烙铁加热待拆元件的焊点，一边用镊子或尖嘴钳夹住元器件引线轻轻拉出，然后再拆除另一引脚的焊点，最后将元器件拆下便可
集中拆焊法	晶体管及立式安装的阻容元器件之间焊点距离较近，可用烙铁头同时快速交替加热几个焊点，待焊锡熔化后一次拔出。对多接点的元器件，如开关、插头座、集成电路等，可用专用烙铁头同时对准各个焊点，一次加热取下
采用铜编织线进行拆焊	将铜编织线蘸上松香助焊剂，然后放在将要拆焊的焊点上，再把电烙铁放在铜编织线上加热焊点，待焊点上的焊锡熔化后，铜编织线就会把焊锡进行吸附（焊锡被熔到铜编织线上），如果焊点上的焊料一次没有被吸完，则可进行第二次、第三次，直到全部吸完为止。当铜编织线吸满焊料后，就不能再用，需要把已经吸满焊料的那部分剪去。如果一时找不到铜编织线，也可采用屏蔽线编织层和多股导线代替，使用方法与使用铜编织线拆焊的方法完全相同
采用医用空心针头进行拆焊	将医用针头用钢锉把针尖锉平，作为拆焊工具。具体的实施过程是，一边用电烙铁熔化焊点，一边把针头套在被焊的元器件引脚焊点上，直至焊点熔化时，将针头迅速插入印制电路板的焊盘插孔内，使元器件的引脚与印制电路板的焊盘脱开
采用气囊吸锡器进行拆焊	将被拆的焊点加热，使焊料熔化，然后把气囊吸锡器挤瘪，将吸嘴对准熔化的焊料，并同时放松吸锡器，此时焊料就被吸进吸锡器内。如一次没有吸干净，可重复进行 2～3 次，照此方法逐个吸掉被拆焊点上的焊料便可

3. 拆焊的注意事项

拆焊的注意事项见表 1-34。

表 1-34　拆焊的注意事项

注意事项	说　明
严格控制加热的温度和时间	用烙铁头加热被拆焊点时，当焊料一熔化，应及时沿印制电路板垂直方向拔出元器件的引脚，但要注意不要强拉或扭转元器件，以避免损伤印制电路板的印制导线、焊盘及元器件本身
拆焊时不要用力过猛	在高温状态下，元器件封装的强度会下降，尤其是塑封器件，拆焊时不要强行用力拉动、摇动、扭转，这样会造成元器件和焊盘的损坏

续表

注意事项	说　明
吸去拆焊点上的焊料	拆焊前，用吸锡工具吸去焊料，有时可以直接将元器件拔下。即使还有少量锡连接，也可以减少拆焊的时间，减少元器件和印制板损坏的可能性。在没有吸锡工具的情况下，则可以将印制电路板或能移动的部件倒过来，用电烙铁加热拆焊点，利用重力原理，让焊锡自动流向电烙铁，也能达到部分去锡的目的
拆焊完毕后的操作	当拆焊完毕，必须把焊盘插线孔内的焊料清除干净，否则就有可能在重新插装元器件时，将焊盘顶起损坏（因为有时孔内焊锡与焊盘是相连的）
拆焊后重新焊接操作要点	拆焊后一般都要重新焊上元器件或导线，操作时应注意以下几个问题： ①重新焊接的元器件引线和导线的剪截长度、离底板或印制板的高度、弯折形状和方向，都应尽量保持与原来的一致，使电路的分布参数不致发生大的变化，以免使电路的性能受到影响，特别对于高频电子产品更要重视这一点 ②印制电路板拆焊后，如果焊盘孔被堵塞，应先用锥子或镊子尖端在加热的情况下，从铜箔面将孔穿通，再插进元器件引线或导线进行重焊。特别是单面板，不能用元器件引线从印制板面穿孔，这样很容易使焊盘铜箔与基板分离，甚至使铜箔断裂 ③拆焊点重新焊好元器件或导线后，应将因拆焊需要而弯折、移动过的元器件恢复原状

【任务实施及考核】

一、电烙铁的使用与维护技能训练

随机发放给每名同学一把内热式电烙铁，要求同学独自拆装电烙铁，并将拆卸步骤、注意事项和零件清单填入表 1-35。

表 1-35　电烙铁的使用与维护技能训练

<table>
<tr><td rowspan="12">内热式电烙铁的拆卸</td><td rowspan="5">拆卸步骤</td><td colspan="4">步骤一</td></tr>
<tr><td colspan="4">步骤二</td></tr>
<tr><td colspan="4">步骤三</td></tr>
<tr><td colspan="4">步骤四</td></tr>
<tr><td colspan="4">步骤五</td></tr>
<tr><td>解体后零件清单</td><td colspan="4"></td></tr>
<tr><td rowspan="3">烙铁芯两接线柱间电阻测量</td><td colspan="4">万用表挡位选择 $R\times$ 　　挡</td></tr>
<tr><td colspan="4">测量烙铁芯两接线柱间的电阻为　　Ω</td></tr>
<tr><td colspan="4">判断烙铁芯质量：□好　□坏；是否需要更换：□是　□否</td></tr>
<tr><td rowspan="3">判别还原后电烙铁质量</td><td colspan="4">质量是否存在问题：□是　□否</td></tr>
<tr><td colspan="4">故障原因：</td></tr>
<tr><td colspan="4">故障处理描述：</td></tr>
<tr><td rowspan="3">烙铁头的检查</td><td colspan="5">烙铁头情况描述：</td></tr>
<tr><td colspan="5">是否需要处理：□是　□否；　是否需要更换：□是　□否</td></tr>
<tr><td colspan="5">烙铁头的处理情况简述：</td></tr>
<tr><td rowspan="5">电烙铁的温度判断</td><td>松香发烟量</td><td>现象</td><td>温度判断</td><td>是否适合焊接</td><td>是否需要调整</td></tr>
<tr><td>无</td><td></td><td></td><td rowspan="4">□是　□否</td><td rowspan="4">□是　□否</td></tr>
<tr><td>小</td><td></td><td></td></tr>
<tr><td>中</td><td></td><td></td></tr>
<tr><td>大</td><td></td><td></td></tr>
</table>

二、焊接前的准备训练

① 对焊接的坐姿、电烙铁的握法及焊锡丝的拿法进行练习。

② 给每名同学发放与情境电路元器件相似的10个元件进行焊接前的处理，并将具体操作情况填入表1-36。

表1-36 焊前处理

序号	元件名称	去氧化层处理	搪锡处理	成形处理	是否合格	赋分
1						
2						
3						
4						
5						
6						
7						
8						
9						
10						

三、焊接练习与考核

1. 元器件的焊接练习

(1) 工具及材料　20W内热式电烙铁、镊子、偏口钳、焊料、助焊剂、7cm×9cm多功能PCB单面板两块、硬质单芯线（为节约耗材，充当元件引线）若干（无需进行去氧化层、搪锡处理）。

(2) 焊接练习要求

① 完全遵照手工焊接穿孔焊的操作步骤和焊接标准。

② 从多功能板的一侧逐行逐列依次焊接，不允许漏点。

③ 为提高焊接成功率提倡一次性完成焊接操作，禁止补焊。

④ 两块多功能板要在4学时内完成，包括自选的课余时间。

说明：焊接练习的起始阶段可以允许焊点质量不高，但随着练习的深入焊点的质量应逐步提高。

2. 用单芯线练习焊制模型

操作要求如下。

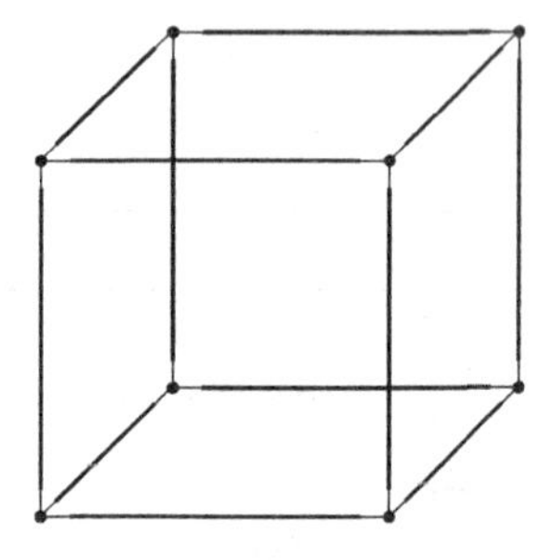

图1-50 用单芯线焊接正方体

① 焊接可靠，完成后模型有一定的机械强度，不能出现虚焊和假焊现象。

② 焊点光滑，无毛刺现象。

③ 焊点一致性好，大小均匀，形状和锡量合适。

3. 焊接技术考核

考核内容一：以单芯线充当元器件引线，在PCB多功能板上焊接20个焊点，焊点要符合焊接质量要求，注重成功率和焊接效率。

考核内容二：用单芯线焊接正方体（见图1-50）。

（1）剪线　总长：65cm 将其断为 12 根 5cm 长的导线。

（2）剥线　每一根 5cm 长的导线两头分别剥出 4mm 的铜线（见图 1-51）。

（3）上锡　将剥出的引线（铜线）上锡 2～3mm（见图 1-52）。

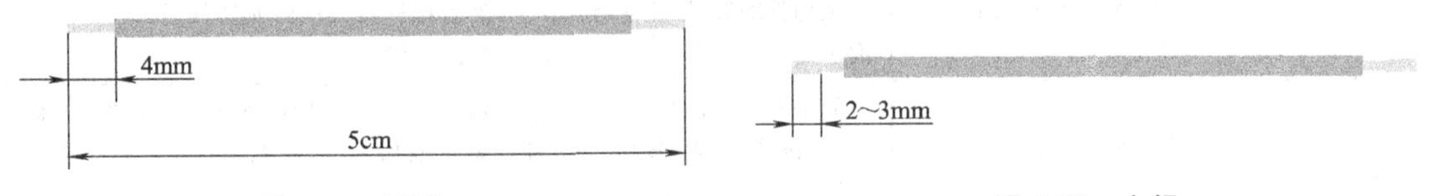

图 1-51　剥线　　　图 1-52　上锡

（4）焊接　将两导线交接处焊接成“圆点”，不可有“拉尖”现象。焊点要求“圆球”、“光亮”、“均匀”。

（5）注意事项

①“正方”。

② 绝缘皮不可烫。

③ 焊接时间短焊点才易形成“圆球”。

④ 先上锡，后焊接，才可使焊接时间缩短。

四、拆焊练习

利用废旧电路板进行拆焊练习，并将结果填入表 1-37（可选择的拆焊工具：镊子、吸锡器、吸锡气囊、热风枪）。

表 1-37　拆焊练习

拆焊种类	确定的拆焊方法	拆焊工具	焊点数	是否损伤铜箔或元器件	拆焊质量检查
分立元件					
集成元器件					

任务四　超外差收音机的装配与调试

【任务描述】

将超外差收音机的各种元器件、零部件以及结构件按照电路设计要求装接到规定的位置，形成具有一定功能的整机产品。装配过程中利用电子仪器仪表同时完成各单级电路的测量和工作状态的调试，使整机达到设计要求。

【知识链接】

一、电子整机装配的基本内容

① 电气装配——以印制电路板为主体的电子元器件插装和焊接。

② 机械装配——以组成整机的钣金件或塑料件为支撑，通过零件紧固或其他方法进行的由内到外的结构性装配。

二、整机的装配工艺

1. 超外差收音机整机装配步骤

超外差收音机整机装配步骤见表 1-38。

表 1-38 超外差收音机整机装配步骤

装备步骤	装配项目名称	具体内容
1	核对产品物料清单	根据整机套件附带的元器件位号目录和结构件清单，逐个核对元器件和结构件的数目，检查有无缺失，然后把核对无误的元器件插放在发放的泡沫薄板上。若有缺失，从备用套件中补充
2	检测元器件	使用万用表检查元器件质量、性能是否完好，同时区分电解电容、二极管、三极管、中周和输入输出变压器的管脚、主要参数。详见任务一电子元器件的识别与检测
3	元器件加工	包括印制电路板的处理、元器件引线处理和所用导线的加工
4	印制电路板装配	按照"先小后大、先低后高、先轻后重、先易后难、先一般元器件后特殊元器件"的原则进行装配
5	导线安装	电路板与电池两端、电路板与扬声器之间的连接导线
6	印制电路板调试	使用万用表从收音机各级电路的测试点进行电流测量
7	整机装配	磁棒天线焊接；调谐盘、电位盘、周率板等安装
8	整机调试	为提高整机性能，进行整机调试，详见超外差收音机的调试部分

2. 装配准备工艺

装配准备工艺是整机总装配顺利进行的重要保证。装备准备工艺加工的质量，对整机总装配的质量有直接的影响，因此，装配准备工艺十分重要。装配准备工艺主要包括以下内容。

(1) 装配工具的选用与使用　装配工具的选用对于装配的质量和提高装配质量有着非常重要的意义，完成超外差收音机装配一般选用三类工具。

装配工具：十字和一字螺丝刀、偏口钳、尖嘴钳、镊子、电烙铁、吸锡器。

辅助工具：锉刀、热风枪等。

仪器仪表：万用表。

(2) 导线的加工工艺　导线的加工一般包括剪裁、剥头、捻头、浸锡、清洁、印标记等，对于情境电路超外差收音机的导线加工主要指剪裁、剥头、捻头、浸锡，见表 1-39。

表 1-39 导线的加工

步骤	工序名称	加工说明
1	剪裁	剪裁的要求：绝缘导线在加工过程中不允许损坏绝缘层。剪裁时应先剪长导线，后剪短导线，导线拉直再剪，这样可减少浪费。剪线过程中要符合公差要求。通常使用电工刀、剪刀或斜口钳进行剪裁
2	剥头	剥头是指将绝缘导线的两端去掉一段绝缘层而露出芯线的过程。剥头时不应损坏芯线，使用剥线钳剥头，要对准所需要的剥头距离，选择与芯线粗细适合的钳口
3	捻头	捻头是指多股芯线经剥头后，芯线有松散现象，需要再一次捻紧，以便于焊接，要求按导线原来旋紧方向继续捻紧，一般螺旋角在 30°～40°之间。捻头时要求用力不要过猛，以免将细线捻断
4	浸锡	浸锡是提高焊接质量、防止虚、假焊的措施之一。芯线、裸导线、元器件的焊片和引脚一般都需要浸锡。芯线浸锡一般应在剥头、捻头后较短时间内进行，浸锡时不应触到绝缘层端头，浸锡时间一般为 1～3s。裸导线在浸锡前要先用刀具、砂纸等清除浸锡端的氧化层污垢，然后再蘸助焊剂浸锡

(3) 元器件引脚成形工艺　元器件引脚成形主要是指小型元器件，经引脚成形后，可采用跨接、立式、卧式等方法焊接。元器件引脚成形如图 1-53 所示。

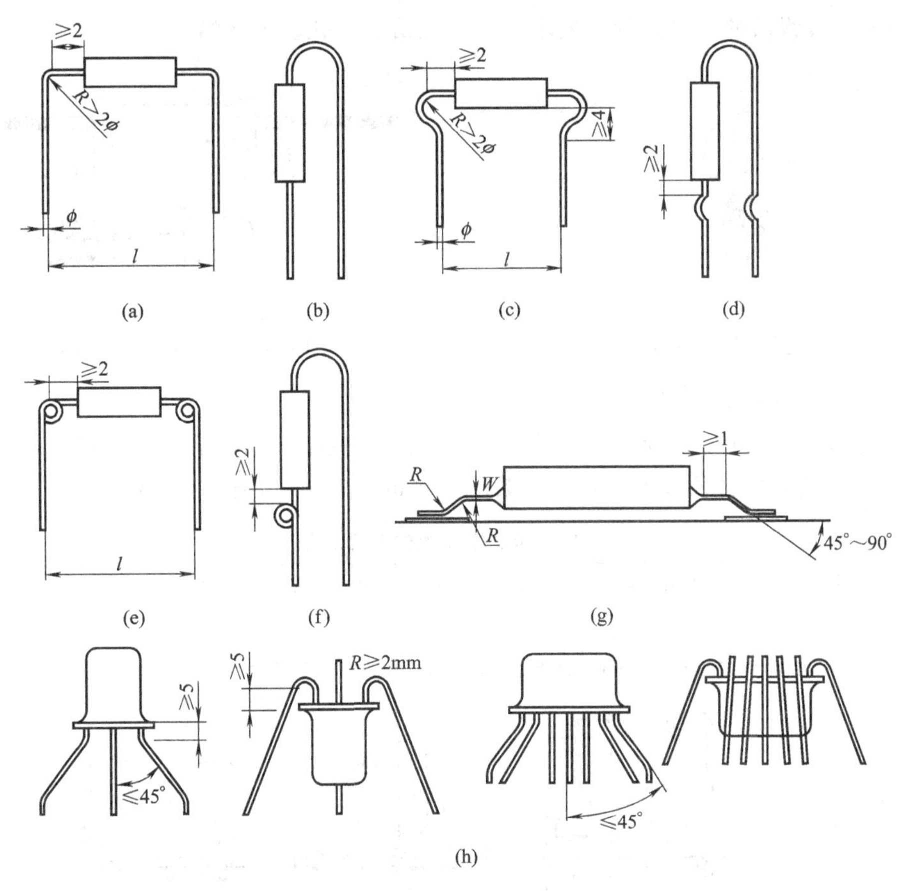

图 1-53 元器件引脚成形

元器件引线的折弯，应根据焊点间距，做成需要的形状，图 1-53 中所示为引线折弯的各种形状。图（a）、（c）、（e）所示为卧式形状，图（b）、（d）、（f）所示为立式形状。图（a）可直接贴到印制电路板上，图（c）、（d）则要求与印制电路板有 2～5mm 的距离，用于双面印制电路板或发热元器件；图（e）、（f）引线较长，多用于焊接时怕热的元器件；图（g）所示为扁平封装集成电路的引线成形要求，扁平封装集成电路的引线在出厂前已经加工成形，一般不需要再进行成形；图（h）所示为三极管和圆形外壳集成电路的引线成形要求。

元器件引脚成形时应满足以下要求：元器件引脚折弯处距离引脚根部至少 2mm；折弯半径不小于引脚直径的两倍；元器件引脚成形后，其标称值的方向应处在查看方便的位置。

元器件引脚成形的加工方法及注意问题如下：手工引脚成形时一般使用镊子、尖嘴钳，不能使用偏口钳；对于静电敏感元器件，成形工具应具有良好的接地；对于自动插装的元器件，引脚成形应使用专用设备，引脚呈弯弧形。

（4）元器件的焊片、引脚浸焊 元器件的焊片、引脚在浸锡时应注意以下两点。

① 元器件的焊片在浸锡前，若有氧化层应先除去氧化层。无孔焊片浸锡的深度要根据焊点的大小和工艺要求决定；有孔的小型焊片浸锡时浸锡深度要没过孔 2～5mm，并且不能将孔堵塞，如图 1-54 所示。

② 元器件引脚在浸锡前应检查导线是否弯曲，若弯曲应先取直，然后用小刀在距离根部 2～5mm 处清除氧化物，如图 1-55 所示，浸锡时间可根据焊片的大小和引脚的粗细掌握，

一般为 2～5s。浸锡后的引脚或焊片要求其表面光滑、无孔、无锡瘤。

图 1-54 焊片浸锡

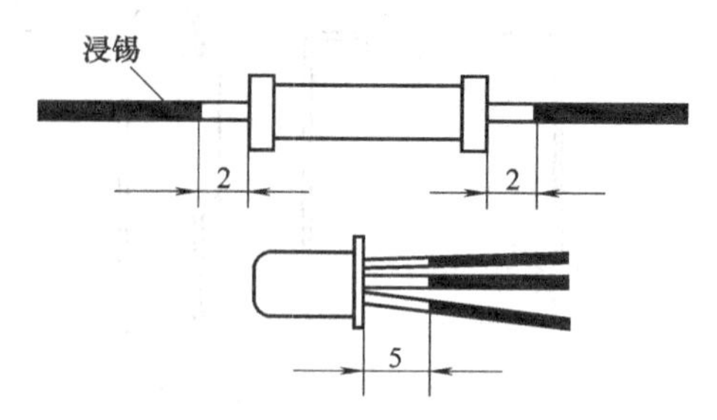

图 1-55 元器件引脚浸锡

3. 印制电路板的装配工艺

印制电路板上焊接件的装置方法有很多种。在印制电路板上，采用焊接方法装配的各种元器件，由于它们的自身条件不同，所以装配方法也各不相同，见表 1-40。

表 1-40 印制电路板的装配工艺

(1)一般元器件的装配方法　焊接在印制电路板上的一般元器件，以板面为基准，装配方法通常有直立式和水平式装配两种	
直立式装配	也称为垂直装配，是将元器件垂直安装在印制电路板上，如下图所示 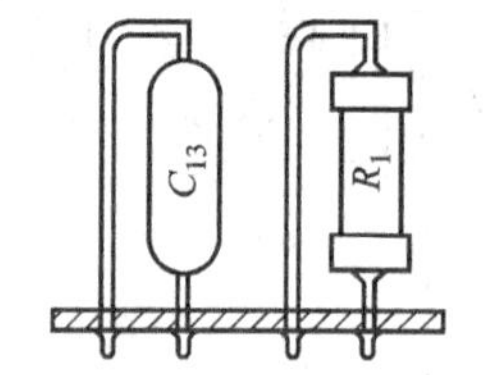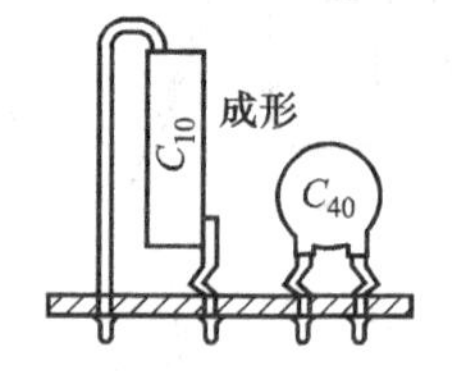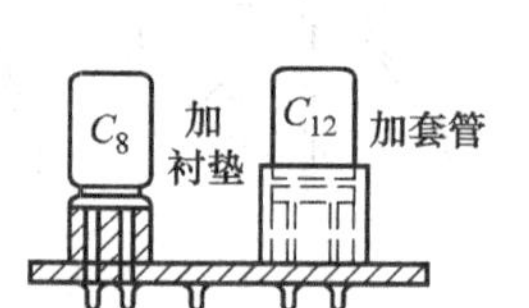 特点：装配密度大，便于拆卸，但机械强度较差，元器件的一端在焊接时受热较多
水平式装配	也称为卧式装配，是将元器件水平安装在印制电路板上，根据元器件与电路板间的距离分为有贴板安装和悬空安装两种，如图所示 图(a)所示为贴板安装的水平式装配，在装配时元器件可紧贴在印制电路板上。小于 0.5W 的电阻、单面印制电路板一般采用此装配方式 图(b)所示为悬空安装的水平式装配，该装配适用于大功率电阻、晶体管以及双面印制电路板等。在装配元器件时与印制电路板留有一定间隙，以免元器件与印制电路板的金属层相碰造成短路 水平式装配优点是机械强度高，元器件的标记字迹清楚，便于查对维修，适用于结构比较宽裕或者装配高度受到一定限制的地方。缺点是占据印制电路板的面积大 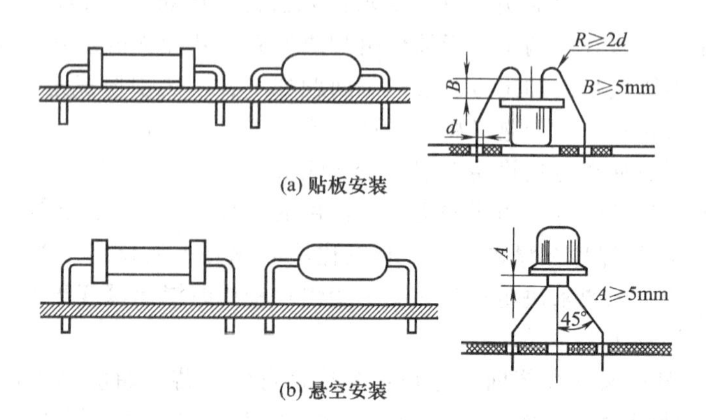

续表

<table>
<tr><td colspan="2">(2)半导体器件的装配方法　装配半导体器件装配时必须注意引脚极性，一定不能装错</td></tr>
<tr><td>二极管的装配方法</td><td>二极管的装配可采用如图所示的安装方法。玻璃壳体的二极管其根部受力时容易开裂，在安装时，可将管脚绕1～2圈成螺旋形，以增加流线长度。安装金属壳体的二极管时，不要从根部折弯，以防止焊点处开脱
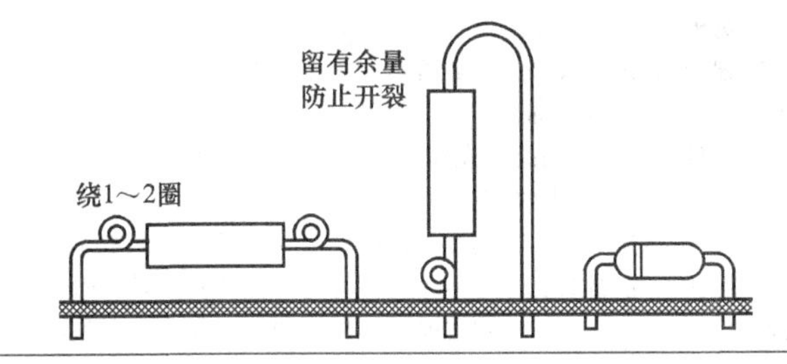
</td></tr>
<tr><td>小功率晶体管的装配方法</td><td>小功率晶体管有正装、倒装、卧装及横装等几种方式，应根据需要及安装条件来选择，其装配方法如图所示
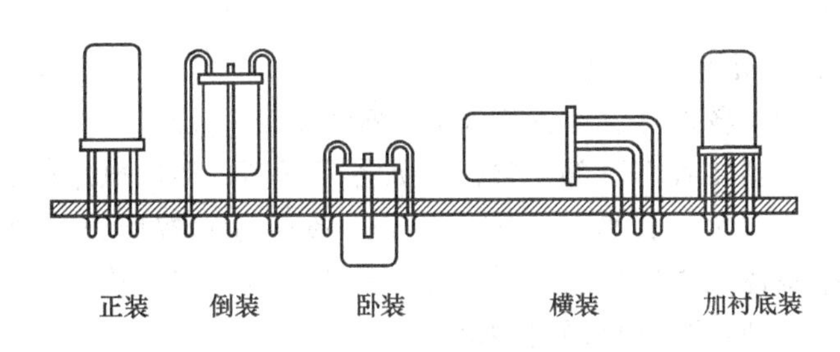
</td></tr>
<tr><td colspan="2">(3)集成电路的装配方法　圆形金属封装的集成电路器件与晶体管类似，但引脚较多，例如集成运放，这类器件的装置方法与小功率晶体管直立装置(正装)法相同，图(a)所示为圆形金属封装的集成电路器件的装配方法。扁平式集成电路器件有两种引脚外形：一种是轴向式，应先将触片成形，然后直接焊在印制电路板的接点上；另一种是径向式，直接插入印制电路板焊接即可。图(b)所示为扁平式集成电路器件装配
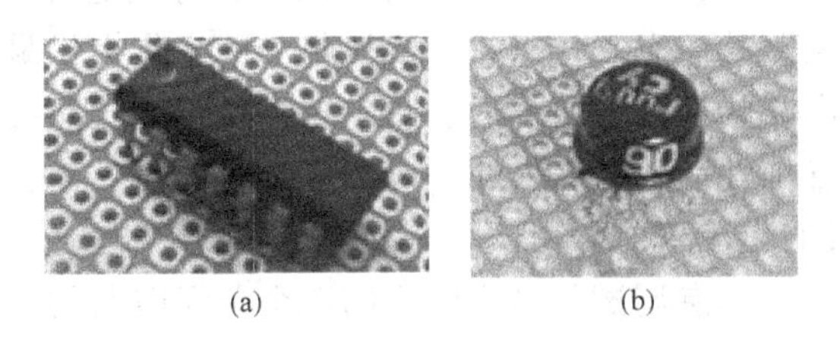
(a)　(b)</td></tr>
<tr><td colspan="2">(4)元器件引脚穿过焊盘孔后的处理　元器件引脚穿过焊盘的小孔后，都应留有一定的长度，这样才能保证焊接的质量。露出的引脚可根据需要弯成不同的角度，如图所示
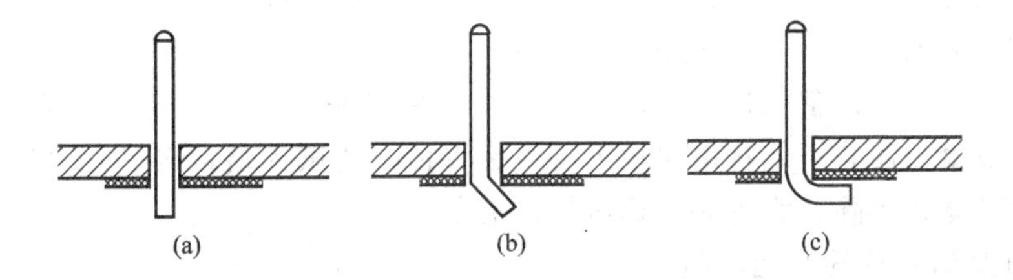
(a)　(b)　(c)
①引脚不折弯：焊接后强度较差，如图(a)所示
②引脚折弯成45°：机械强度较强，而且比较容易在更换元器件时拆除重焊，所以采用较多，如图(b)所示
③引脚折弯成90°：机械强度最强，但拆焊困难，如图(c)所示，这种折弯的处理方向应与印制铜箔方向一致</td></tr>
</table>

续表

(5)情境电路超外差收音机印制电路板装配注意事项　在情境电路超外差收音机印制电路板装配过程中，每个元器件的安装都可按下面步骤来完成：

复测元器件→引线清洁、上锡、成形→插装→焊接→修剪引脚→整形

整个装配过程中注意事项如下：

①已安装的元器件要在电路原理图或元器件明细表中予以标明

②要注意电解电容的正负极性，不能插错

③磁性天线线圈的线较细，刮去天线线圈上的绝缘漆时不要弄断导线

④振荡线圈和中周要对准位置，注意色标

⑤装插双联电容时，器件应插到位，并用螺钉先固定后再焊接

⑥振荡线圈与中周的外壳要焊在印制电路板上

⑦安装音量电位器应先用少量焊锡先固定其任一焊片(此时用一手指按住电位器，使其紧贴电路板)，使电位器与电路板平行，再焊其余的焊片，应在短时间内完成，否则容易焊坏电阻器滑动片，进而造成音量电位器损坏或接触不良

⑧元片电容、电解电容、三极管等元器件安装焊接时，所留引脚不能太长，否则元器件的稳定性降低，一般要求距离印制电路板 2mm 左右

⑨元器件上的接线需要绝缘时，要套上绝缘管，并且要套到底

⑩无论是哪一种元器件，均应将表明元器件数值的一面朝外，易于辨认

4. 超外差收音机整机装配

整机装配是指在各部件、组件安装和检验合格的基础上，进行装配，通常也称总装。超外差收音机总装包括将各零、部、整件（如各元器件、印制电路板、调谐盘、电位盘、扬声器、电池正极引片或负极弹簧片、前后机壳、拎带等）按照设计要求，安装在不同的位置上，组合成一个整体，再用导线将元器件、部件进行电气连接，完成一个具有一定功能的完整的电子产品，以便进行整机调整和测试。

总装过程中几个关键部件的装配如图 1-56 所示。

三、超外差收音机的测量与调试

超外差收音机的测量与调试，就是利用各种电子仪器将电子整机的各个组成电路的工作状态进行调整，使之达到设计要求。电子整机的调试主要分为直流调试和交流调试两部分。直流调试是调整各单元电路的静态工作点，为交流信号的工作提供最合适的工作条件；交流调试是为了保证各单元电路的交流通路畅通、频率特性良好、选频准确和带宽合适。经过整机调试的电子设备，在各项性能达标后，才可以按照设计要求工作。

（一）超外差收音机的直流工作点调试

超外差收音机的直流工作点调试就是将整机的各个单元电路的直流电流值和电压值调整到设计要求，为交流通路的正常工作提供基础和保障。实际操作过程中，直流调试主要是利用万用表检测单元电路中晶体三极管的集电极工作电流和各极的直流工作电压，然后通过调整单元电路的偏置电阻使之达到设计要求。超外差收音机直流工作点测试的主要过程如下。

1. 直观检测超外差收音机整机元器件状态

在组装超外差收音机整机过程中，由于安装、焊接等原因，可能会出现元器件的碰脚、连焊和虚焊等现象，还有可能将电路板上的覆铜焊掉，调试人员需要利用“眼观”、“手晃”等办法找到故障点并排除，为进一步调试做好准备。

2. 测量电源输入端的对地电阻

在组装超外差收音机的过程中，由于安装、焊接等原因，可能出现元器件的碰脚、连焊等现象，甚至将元器件内部击穿短路或烧断，因此在对收音机整机通电进行调试之前，要先对电源输入端的对地电阻进行测量，防止通电调试时损坏电源及收音机整机。

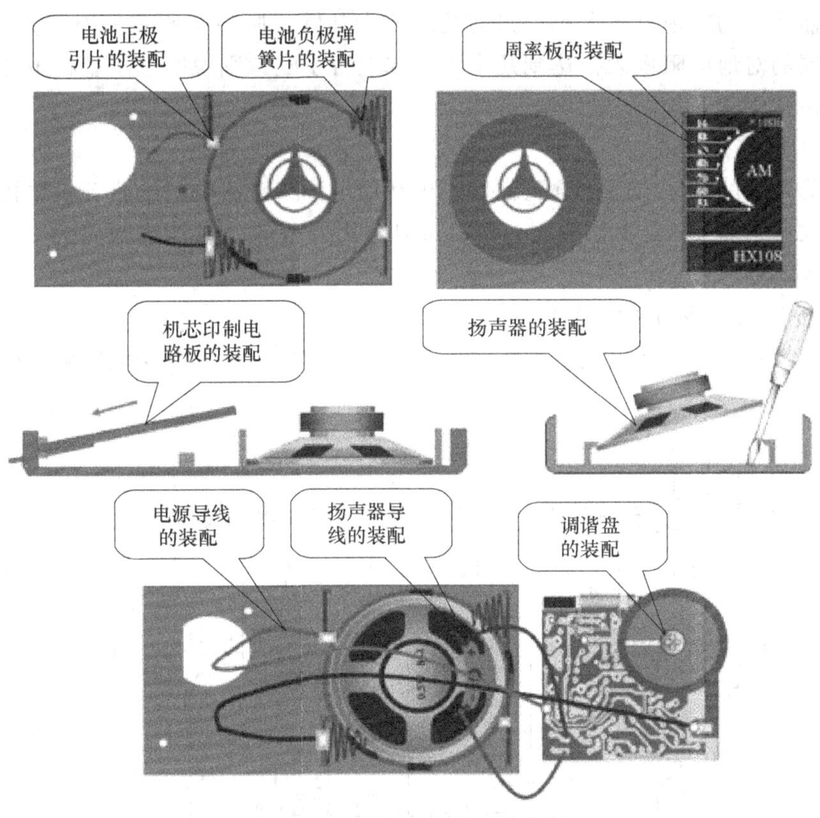

图 1-56　整机关键部件的装配

将万用表调至 R×100 挡，挡位调零后，用红、黑表笔分别测量收音机整机电源输入端的正向电阻和反向电阻，如图 1-57 所示。

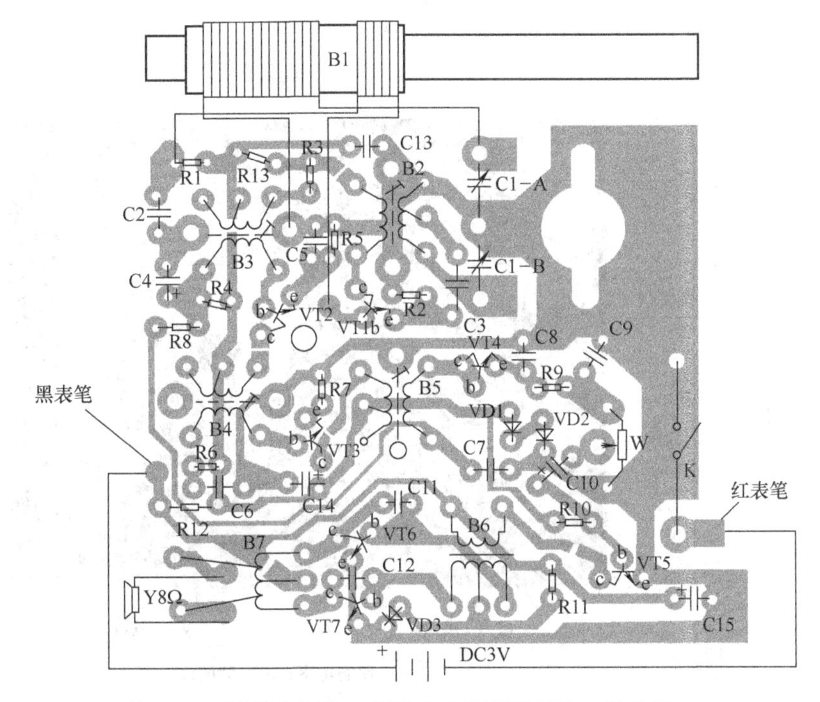

图 1-57　测量电源输入端对地电阻在装配图中的位置

若电源输入端的对地电阻太小，只有几欧或十几欧，则说明收音机有严重短路的现象；若电源输入端的对地电阻太大，达到几十千欧或上百千欧，则说明电子整机电源输入部分开路，如电路板覆铜裂开等。

3．整机加电准备测试

对电源输入端的对地电阻检查正常后，可利用电池或直流电源给收音机整机提供合适的直流电压。收音机需要3V工作电压，所以可以选用两节5号电池或输出为3V的直流电源直接加入收音机电池位置。

4．测量各单元电路的工作电流

调试收音机整机各单元电路的工作电流就是通过调整各单元电路偏置电阻的大小，并改

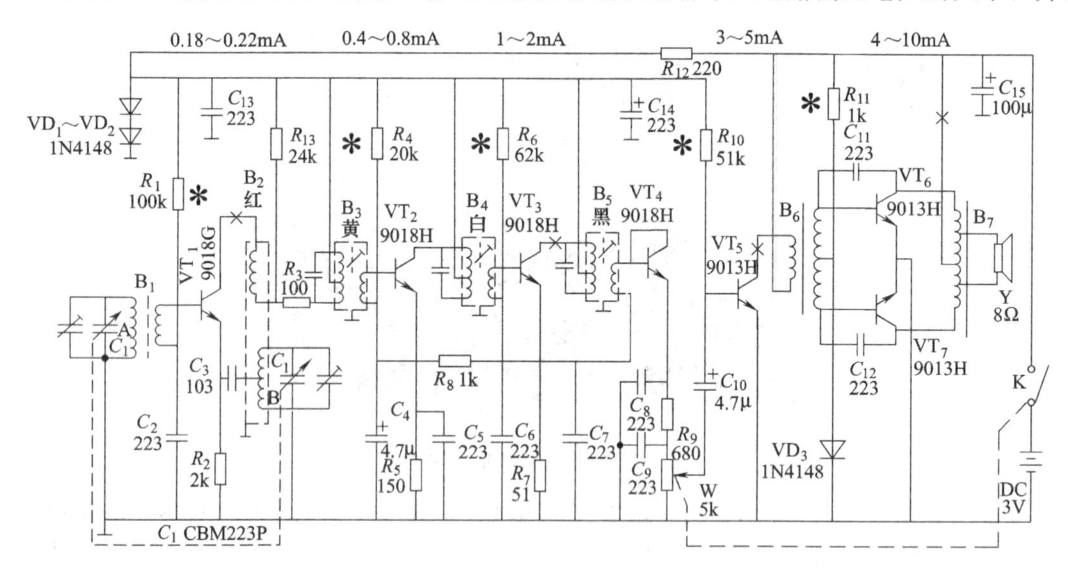

(a) 电路图

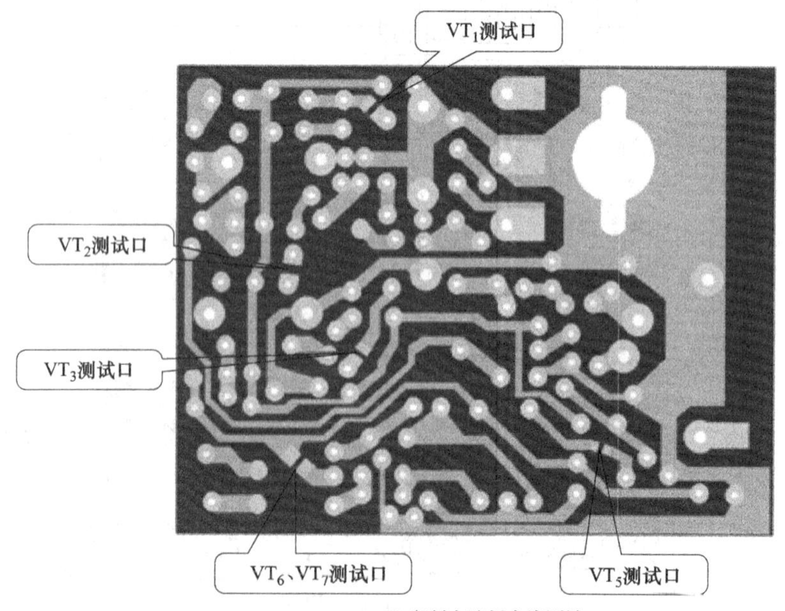

(b) 印制电路板电流测试口

图 1-58 各级放大器的电流测试口

变工作电流使之达到设计范围。通过检测工作电流，也可以比较容易地判断出该单元电路的工作状态。

为方便测量各单元电路的工作电流，在超外差收音机的印制电路板上各级放大器都留有测试口，各级测试口分布如图 1-58 所示，图中用“×”表示测试口，用“*”表示各级进行电流调整时需要调整的电阻。

情境电路超外差收音机各级工作电流的参考值见表 1-41。

表 1-41　情境电路超外差收音机各级工作电流的调整

单元电路	电路标号	参考电流/mA	调整电流/mA	调整元件	参考阻值/kΩ
变频电路	VT_1	0.18～0.22	0.2	R_1	65
一中放电路	VT_2	0.4～0.8	0.5	R_4	24
二中放电路	VT_3	1～2	1.8	R_6	31
前置低放电路	VT_5	3～5	3.5	R_{10}	39
功率放大电路	VT_6、VT_7	4～10	6	R_{11}	0.8

以情境电路超外差收音机前置低放电路电流的调试为例介绍具体的电流调试方法，其他各级电流调试方法类似。

前置低放电路电流测试口的位置如图 1-58 所示。超外差收音机前置低放电路的工作电流应为 3～5mA，为了得到较大的低频放大倍数，通常将其电流调整较低，大约在 3.5mA 左右。电流调整方法如下。

① 将前置低放电路的基极偏置电阻 R_{10}（51kΩ）从电路板上焊下，用一支 470kΩ 的电位器和一支 1kΩ 的电阻串联后（串联一支电阻的目的在于防止在电位器调到最小阻值处时，引起电流过大而烧坏晶体管）焊到 R_{10} 的位置来代替 R_{10}，如图 1-59 所示。

② 将万用表挡位开关拨至 DC50mA 挡，将表笔放置于图 1-59 所示电路板上的测试口处。

③ 调整电位器，使万用表的示数为 3.5mA。

④ 将电位器从电路板上焊下来，用万用表电阻挡测量出电位器和串联电阻的总电阻值为 39kΩ，取一支阻值为 39kΩ 的电阻器焊接到电路板上的 R_{10} 处。

⑤ 如果电流偏大，可以加大 R_{10} 的阻值；如果电流偏小，可以减小 R_{10} 的阻值。若改变后 I_{C5} 不能发生变化，则应检查 B_6 初级的线圈和 VT_5 是否损坏或者装焊错误。

图 1-59　电流调整

强调指出，采用此种方式进行电流调试，对于中放电路、变频电路应选用 470kΩ 的电位器，而对于功放电路则应选用 470Ω 的电位器和 680Ω 的串联电阻。

各级电流调好之后，可在 K 的两端检查整机总电流，应在 16～27mA 的范围内。若整机电流较大，有 50mA，则说明整机存在问题；整机电流如太大达到接近满偏状态，则说明整机有明显的短路现象，例如电源对地有连焊现象、元器件对地击穿；整机电流如较小，只有 2～3mA，则说明各单元电路有开焊的现象；如没有整机电流则说明整机电源部分开路。这样就完成了整机直流工作状态的调试，可以进行交流调试。

5. 调试情境电路超外差收音机各级单元电路的工作电压

各级的集电极工作电流调试好后，电路基本上就能正常工作了。测量各级放大电路中三极管各管脚的静态工作电压，同样也能反映各级工作状态。放大器的静态工作电压是指在没有信号输入时放大器各管脚的工作电压。下面以情境电路超外差收音机的前置低放电路为例，介绍 VT_5 各管脚静态电压的测量方法。

连接好直流电源，打开电源开关，将万用表挡位旋钮调至 DC 10V 挡，黑表笔接电池负极焊片即整机“接地”端，红表笔接 VT_5 的集电极 C、基极 B、发射极 E，分别测量出 U_C、U_B、U_E，如图 1-60 所示。若测量过程中发现万用表指针偏转很小，可调整旋钮至 DC 2.5V 挡。

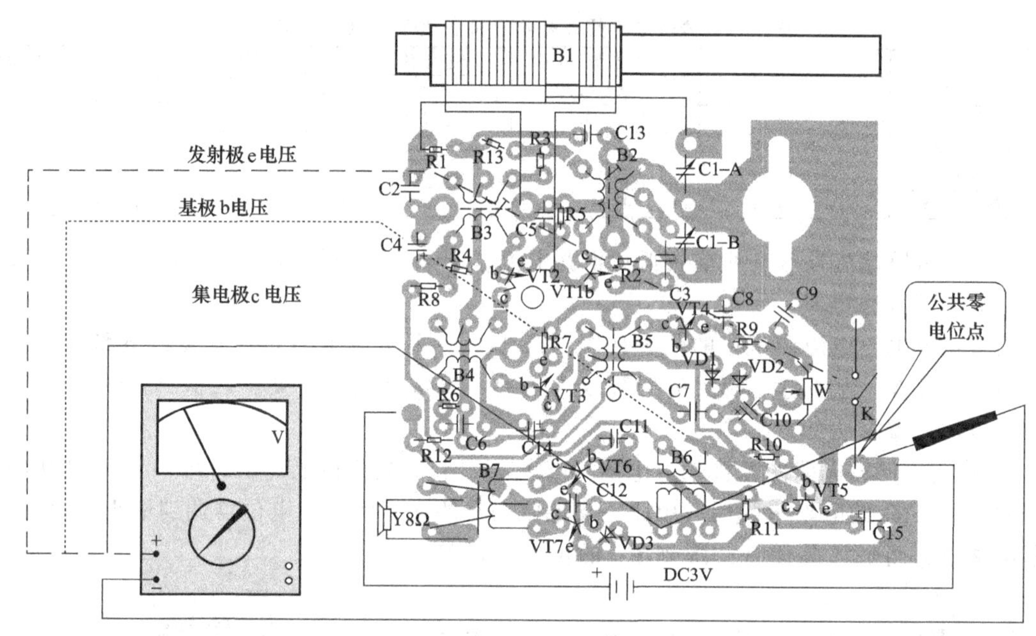

图 1-60　万用表测试 VT_5 管各脚电压的测量位置

按此方法可依次测出其余晶体三极管的管脚静态电压值，见表 1-42。若测量电压与表中参考电压相差较大，则说明电路或元器件有故障，需要及时排除或更换故障元器件。

表 1-42　各晶体三极管的管脚静态参考电压

晶体三极管	U_C/V	U_B/V	U_E/V
VT_1	1.35	1.06	0.46
VT_2	1.39	0.66	0.18
VT_3	1.39	0.78	0.06
VT_4	0.63	0.63	0.2
VT_5	2.46	0.64	0
VT_6	3	0.63	0
VT_7	3	0.63	0

（二）超外差收音机动态调试

动态调试是指在通电、有电台信号接收的情况下测量超外差收音机整机的各级信号幅度与频率工作状态。为了使整机的各项指标达到要求，需要使用高频信号发生器、双踪示波器、毫伏表及无感螺丝刀等专用设备，从中频频率、频率覆盖范围、整机统调三方面内容进行调整。

1. 调整中频

调整中频，对于采用 *LC* 谐振回路作为选频网络的收音机来说，主要内容是调整中频变压器（中周）的磁芯，应采用塑料、有机玻璃、陶瓷或不锈钢制成的无感螺丝刀缓慢进行。

当整机静态工作点调整完毕，并基本能正常收到信号后，便可调整中频变压器，使中频放大电路处于最佳工作状态。

调试时，即使是新的中频变压器装入电路，也需要进行调整。这是因为同一型号的中频变压器也会存在参数误差（允许误差），和其并联的电容器也需要同时更换（内装谐振电容的中周除外）；另外，电路中存在一定的分布电容，这些都会引起中频变压器失谐。但应注意，此时中频变压器磁帽的调整范围不应太大。

调整中频的方法较多，可选用高频信号发生器来调整中频，这是一种精确的调整方法，它是用由高频信号发生器发出的465kHz调幅信号为标准信号来调整的，因此，可以把中频频率准确地的调整在规定的465kHz上。

首先用短路线短接收音机变频级双联中的C_1、B两端，使收音机的变频级处在停振状态，避免变频级产生的本地振荡信号对中频调整的影响；也可把双联可变电容器调置于无电台广播又无其他干扰的位置上。将信号发生器输出频率调整到465kHz，输出信号强度为10mV/m左右，调制频率为1000Hz，调制度为30%。将信号输出馈线屏蔽线接双联地端，芯线接收音机的双联调谐联的上端。将毫伏表和示波器接到收音机扬声器的两端，如图1-61所示。然后用无感螺丝刀逆向依次调节黑色中周、白色中周和黄色中周，如图1-62所示，并观察连接在扬声器两端的毫伏表的电压和示波器显示的1kHz正弦波信号的幅度变化情况，反复细调2～3遍，直到毫伏表中的电压和示波器显示的正弦波信号达到最大为止。

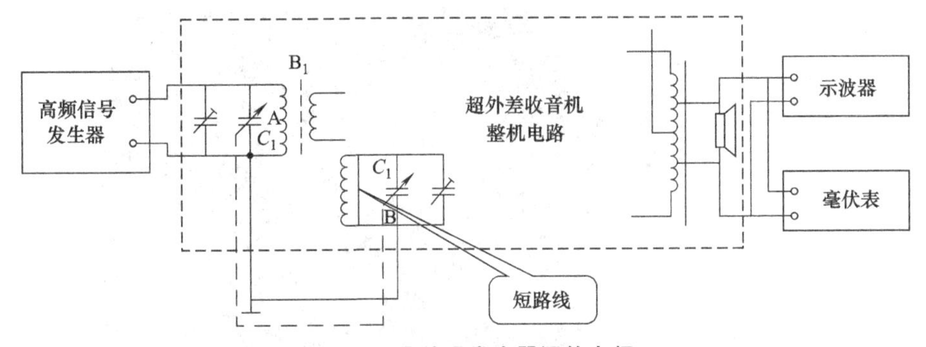

图1-61　用信号发生器调整中频

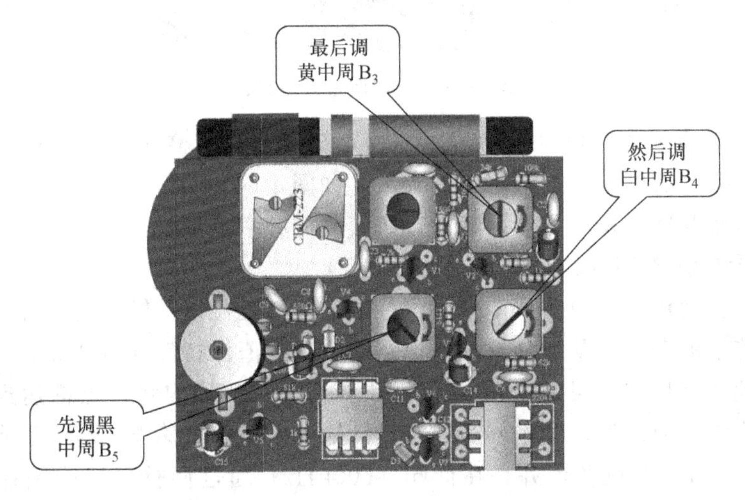

图1-62　中频调整时中周的调整顺序

若中频变压器谐振频率偏离较大，则在 465kHz 的调幅信号输入后，扬声器可能没有音频信号输出，这时应微调信号发生器的频率，使示波器显示正弦波，找出谐振点后，再把高频信号发生器的频率逐步向 465kHz 位置靠近，同时调整中频变压器，直到其频率调整在 465kHz 位置上。这样调整后，还要减小输入信号，再细调一遍。

对于已调乱的中频变压器，采用调整信号发生器频率的方法仍找不到谐振点时，可将信号发生器输出的 465kHz 调幅信号分别由第二中放管基极、第一中放管基极、变频管基极输入，从后向前逐级调整黑色、白色、黄色中频变压器。

2. 利用电台广播调整频率范围

收音机中波段频率规定在 525～1605kHz，调整频率覆盖范围是指使接收频率范围能覆盖广播的频率范围，并保持一定的余量。如调整中波频率范围在 520～1620kHz。

如果没有高频信号发生器，可以直接在波段的低端和高端找一个广播节目代替高频信号，来调整频率范围。

首先在波段的低端找一个广播电台信号，如中波段 605kHz。为了准确起见，可同时找一台已调好的标准收音机参照。调整本机振荡线圈的磁芯，使刻度对准时收听的广播节目声音最大（注意随时减小收音机的音量），如图 1-63 所示。

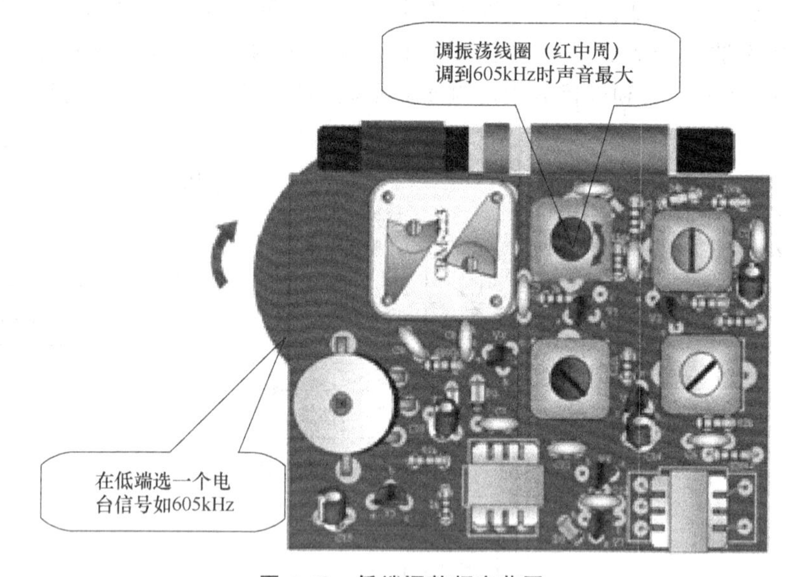

图 1-63 低端调整频率范围

在波段的高端找一个广播电台信号，如选 1470kHz。调整并联在双联振荡联上的补偿电容器的容量，使收听到的广播节目声音最大，如图 1-64 所示。

如此反复调整几次，基本上能保证收音机接收的频率范围。

3. 利用电台广播统调（又称调整接收灵敏度）

超外差收音机使用时，只要调节双联可变电容器，就可以使输入电路和本机振荡电路的频率同时发生连续的变化，从而使这两个电路的频率差值保持在 465kHz 上，这就是同步或跟踪（只有如此才有最佳的灵敏度）。实际上，要使整个波段内每一点都达到同步是不容易的。为了使整个波段内能取得基本同步，在设计输入电路和振荡电路时，要求收音机在中间频率（1000kHz）处达到同步，并且在低端（600kHz）通过调整天线线圈在磁棒上的位置（改变电感量），在高端（1500kHz）通过调整输入电路的微调补偿电容器的容量，使低端和高端也达到同步。这样一来，其他各点的频率跟踪也就差不多了，所以在超外差收音机整个波段范围内有三点式跟踪的，也称为三点同步或三点统调，这时收音机接收灵敏度最高。

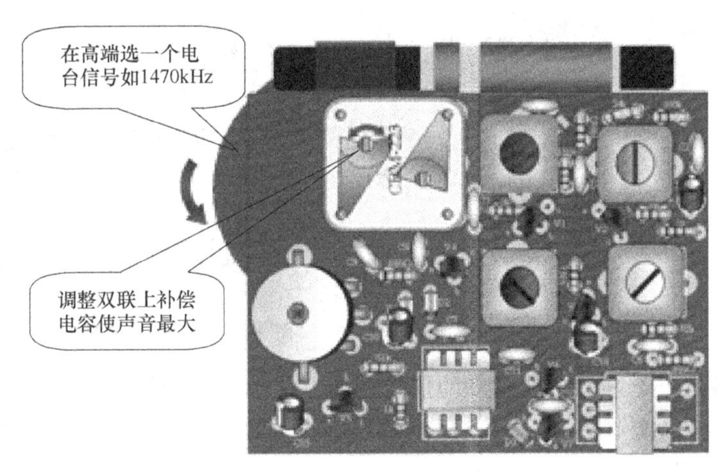

图 1-64　高端调整频率范围

对于调幅中波收音机的统调，可以在低端 600kHz、高端 1500kz 附近，分别选择两个广播电台节目作为信号直接调整，调整方法与使用高频信号发生器相同。例如选择 605kHz 和 1470kHz 的广播信号进行统调，分别反复调整天线线圈在磁棒上的位置和双联上补偿电容器的容量，如图 1-65 所示，使收到的广播节目声音最大。这种方法基本能达到满意的效果。

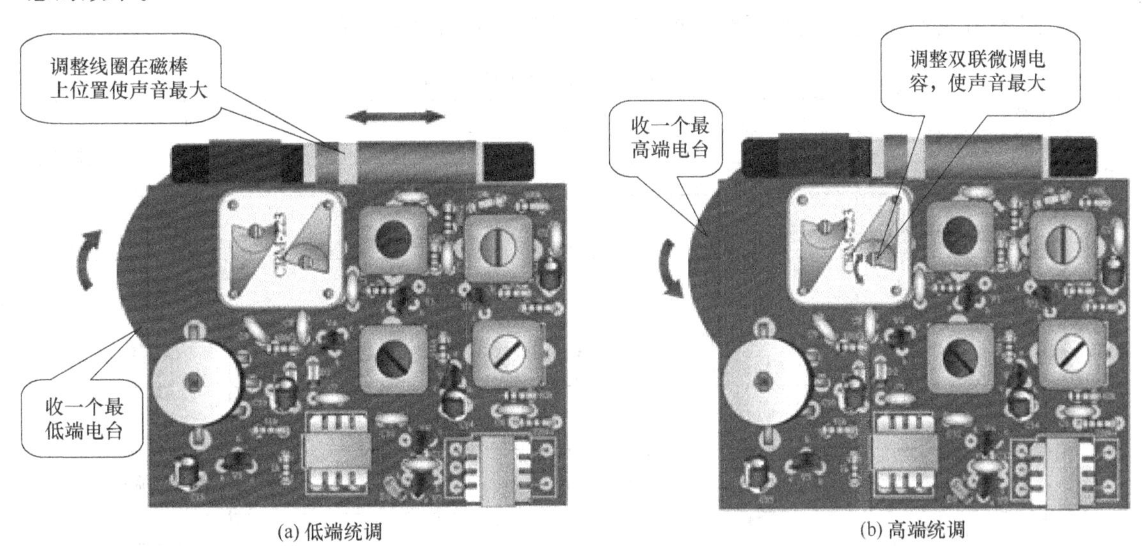

(a) 低端统调　　(b) 高端统调

图 1-65　利用电台广播统调

4. 检验跟踪点

统调是否正确一般可使用测试棒来鉴别，测试棒的作用是检验输入电路是否正确谐振于接收频率，测试棒结构如图 1-66 所示。铜头可以用铜棒或铝棒，铁头可以用高频磁芯或断磁棒，中间用绝缘塑料或有机玻璃做成。

检验方法是：先将收音机指针放在统调位置上，并应准确调谐信号频率，使输出最大，再用测试棒分别依次测试。例如测试 600kHz 时，先将测试棒的铜头靠近磁性天线，如收音机的输出增大（可用毫伏表监测），表明原来天线线圈的电感偏大，输入电路的谐振频率偏低，应将天线线圈从磁棒由里向外移动；再用铁头靠近磁芯线圈，如收音机的输出增大，表明原来天线线圈的电感量偏小，输入电路的谐振频率偏高，应将天线线圈向磁棒中心移动。如此反复调整，直到测试棒的两头分别靠近磁性天线时，输出都有所下降，就表明电路的谐

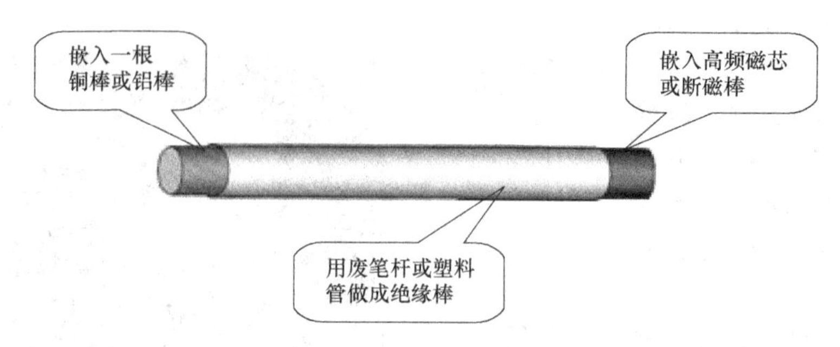

图 1-66　铜铁测试棒

振频率正好谐振在外来的信号频率上，达到了最好的跟踪。

若测试 1500kHz，其检验方法与上述基本相同，所不同的是调整元件是输入电路的补偿电容。

【任务实施及考核】

一、超外差收音机的整机组装

按照超外差收音机的组装步骤及组装的注意事项，完成整机装配。为了保证装机质量，实际装配中由收音机的功放级逐级向前安装，要求在装配过程中完成表 1-43。

表 1-43　超外差收音机的整机组装

<table>
<tr><td colspan="2">班级</td><td></td><td>姓名</td><td></td><td>装配机型</td><td></td></tr>
<tr><td colspan="2">装配开始时间</td><td></td><td>装配结束时间</td><td></td><td>共用学时</td><td>学时</td></tr>
<tr><td>序号</td><td colspan="2">装配步骤</td><td colspan="4">装配情况描述</td></tr>
<tr><td>1</td><td colspan="2">工具、仪器准备</td><td colspan="4"></td></tr>
<tr><td>2</td><td colspan="2">元器件引线成形</td><td colspan="4"></td></tr>
<tr><td rowspan="8">3</td><td rowspan="8">印制电路板的装配与调试</td><td>内容
工序</td><td>待安装元器件、结构部件</td><td>出现的问题</td><td>解决方法</td><td>取得的效果</td></tr>
<tr><td>供电电路装配</td><td></td><td></td><td></td><td></td></tr>
<tr><td>功放级装配</td><td></td><td></td><td></td><td>实测电流：____ mA</td></tr>
<tr><td>低放级装配</td><td></td><td></td><td></td><td>实测电流：____ mA</td></tr>
<tr><td>检波电路装配</td><td></td><td></td><td></td><td></td></tr>
<tr><td>二中放装配</td><td></td><td></td><td></td><td>实测电流：____ mA</td></tr>
<tr><td>一中放装配</td><td></td><td></td><td></td><td>实测电流：____ mA</td></tr>
<tr><td>变频级装配</td><td></td><td></td><td></td><td>实测电流：____ mA</td></tr>
<tr><td>4</td><td colspan="2">整机装配</td><td></td><td></td><td></td><td>整机电流：____ mA</td></tr>
<tr><td>教师评价</td><td colspan="3">装配工艺：</td><td colspan="3">存在问题</td></tr>
</table>

说明：超外差收音机套件元器件出厂时器件引线已经进行了处理，所以可省去浸焊环节。

二、熟悉超外差收音机电路并查找相应管脚位置及测试点

熟悉情境电路的情况下，快速查找到电源输入端、音量电位器开关、5 个电流测试口、本振线圈、3 个中周、双联、3 个二极管和 7 个三极管的管脚位置。

三、检查元器件焊接情况并测试在路电阻

直观法检查元器件有无虚焊、连焊、碰脚现象，铜箔有无翘起、损坏现象，焊点外形是否规范等，若存在上述问题，需要进行必要的处理。确认无误后测试电源输入端（C_{15}）的在路电阻，并填入表 1-44。

表 1-44　检查元器件焊接情况并测试在路电阻

<table>
<tr><td colspan="2" rowspan="2">直观检查</td><td>存在问题说明</td><td colspan="2">处理方法及结果</td></tr>
<tr><td></td><td colspan="2"></td></tr>
<tr><td rowspan="3">电源输入端
在路电阻</td><td></td><td>测量方法(表笔测量位置)</td><td>测量值</td><td>是否符合要求</td></tr>
<tr><td>R_+</td><td></td><td></td><td></td></tr>
<tr><td>R_-</td><td></td><td></td><td></td></tr>
</table>

四、调试各级电路的直流工作电流

将调试过程中各参数值填入表 1-45。

表 1-45　调试各级电路的直流工作电流

<table>
<tr><td rowspan="2">项目
单级</td><td rowspan="2">调整前
实测电流</td><td rowspan="2">电流允许范围</td><td colspan="2">确定调整元件</td><td rowspan="2">调整后实测
电流</td></tr>
<tr><td>调整前阻值</td><td>调整后阻值</td></tr>
<tr><td>VT_1</td><td></td><td></td><td></td><td></td><td></td></tr>
<tr><td>VT_2</td><td></td><td></td><td></td><td></td><td></td></tr>
<tr><td>VT_3</td><td></td><td></td><td></td><td></td><td></td></tr>
<tr><td>VT_4</td><td></td><td></td><td></td><td></td><td></td></tr>
<tr><td>VT_5</td><td></td><td></td><td></td><td></td><td></td></tr>
<tr><td>VT_6</td><td></td><td></td><td></td><td></td><td></td></tr>
</table>

五、超外差收音机的中频调试

将信号发生器调至输出 465kHz 调幅信号，输出探头接双联调谐联两端，毫伏表和示波器分别接在扬声器两端，用无感螺丝刀按 $B_5 \rightarrow B_4 \rightarrow B_3$ 顺序逆向调整，反复调整几次，将调试过程及输出现象记录填入表 1-46。

表 1-46　调试过程及输出现象

<table>
<tr><td rowspan="2">信号发生器</td><td>仪器型号</td><td colspan="2">频率挡位选择</td><td colspan="3">输出频率</td></tr>
<tr><td></td><td colspan="2"></td><td colspan="3"></td></tr>
<tr><td rowspan="4">毫伏表</td><td rowspan="4">仪器型号</td><td></td><td colspan="2">电压量程选择</td><td colspan="2">显示读值</td></tr>
<tr><td>1 次调试</td><td colspan="2"></td><td colspan="2"></td></tr>
<tr><td>2 次调试</td><td colspan="2"></td><td colspan="2"></td></tr>
<tr><td>3 次调试</td><td colspan="2"></td><td colspan="2"></td></tr>
<tr><td rowspan="4">示波器</td><td rowspan="4">仪器型号</td><td></td><td>T/div</td><td>周期</td><td>V/div</td><td>$V_{峰-峰}$</td></tr>
<tr><td>1 次调试</td><td></td><td></td><td></td><td></td></tr>
<tr><td>2 次调试</td><td></td><td></td><td></td><td></td></tr>
<tr><td>3 次调试</td><td></td><td></td><td></td><td></td></tr>
<tr><td>整个调试
过程描述</td><td colspan="6"></td></tr>
</table>

六、利用电台信号进行频率范围调试

将调试过程记录在表 1-47 中。

表 1-47　利用电台信号进行频率范围调试

调 试 项 目		调试点	调整次数	调试过程描述
频率低端调试	低端电台频率		1	
			2	
			3	
频率高端调试	高端电台频率		1	
			2	
			3	

七、利用电台信号进行统调

将统调过程记录在表 1-48 中。

表 1-48　利用电台信号进行统调

调 试 项 目		调试点	调整次数	调试过程描述
频率低端调试	低端电台频率		1	
			2	
			3	
频率高端调试	高端电台频率		1	
			2	
			3	

任务五　超外差收音机的故障分析与排除

【任务描述】

通过直观检查法、电流测量法、电压测量法和信号注入法等几种不同的检修电路方法的学习，以情境电路超外差收音机为例，分析整机组装、调试过程中出现的电路故障，能够顺利找出故障原因，采取合理的方式加以排除，保证整机正常工作，同时也提高在电子设备维修方面的基本技术技能。

一、电流测量法

电流测量法是指利用万用表的电流挡测量各单元电路测试口处的工作电流，主要测量静态工作电流和整机工作电流。情境电路的印制电路板上各单元电路都留有测试口，测量时将测试口用电烙铁断开，将万用表拨至电流挡进行测量，测量时红表笔接高电位，黑表笔接低电位，将万用表串接在测试口中。然后比较测量数据是否在参考电流范围内，分析原因查明故障。

如图 1-67、图 1-68 所示，用万用表测量功放电路的静态工作电流 $I_{C6、7}$，其检测数据、故障现象和故障分析见表 1-49。

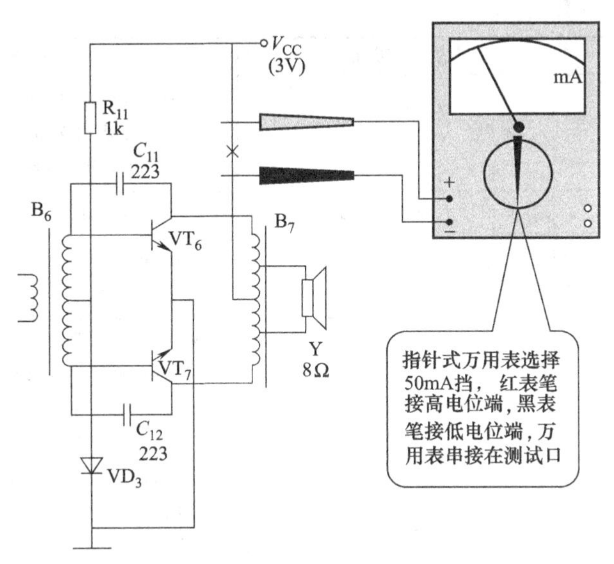

图 1-67　$I_{C6、7}$ 在原理图中的位置

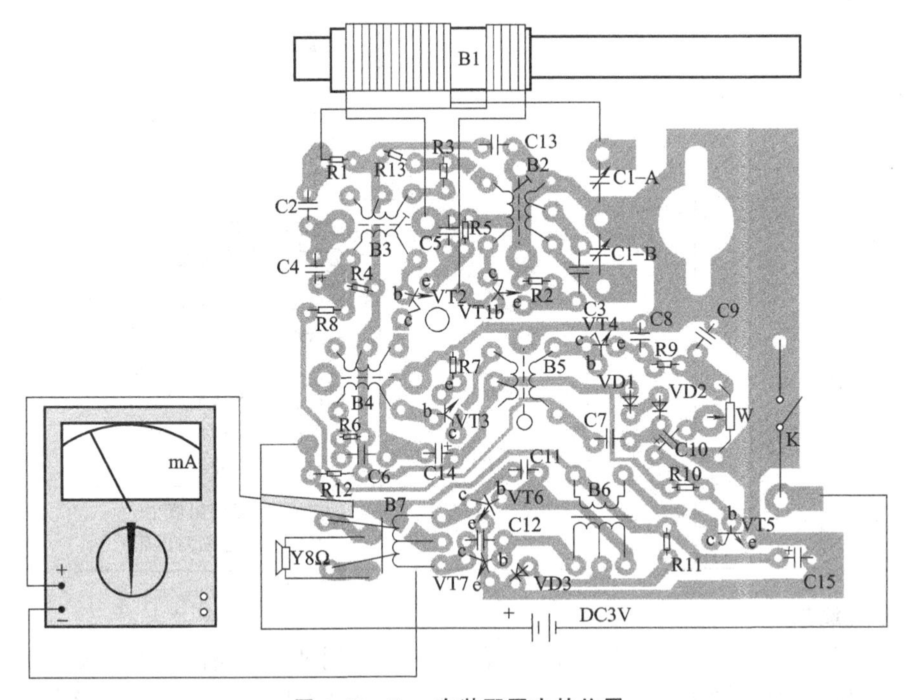

图 1-68　$I_{C6、7}$ 在装配图中的位置

表 1-49　情境电路超外差收音机各级电路电流故障分析

静态工作电流	故障现象	故障分析
功放级无电流，$I_{C6、7}=0$	声音小、失真或无声	①输入变压器 B_6 次级断路损坏 ②输出变压器 B_7 断路损坏 ③VT_6、VT_7 脱焊或断路 ④R_{11} 脱焊断路损坏
功放级电流 $I_{C6、7}$ 太大，大于 20mA	无声	①二极管 VD_3 坏或极性接反或管脚未焊好 ②R_{11}（1kΩ）电阻装错了，用了小电阻（远小于1kΩ 的电阻）

续表

静态工作电流	故障现象	故障分析
前置低放无电流，$I_{C5}=0$	无声	①输入变压器 B_6 初级断路损坏 ②VT_5 脱焊或断路 ③电阻 R_{10} 脱焊或断路
前置低放，I_{C5} 偏大或偏小	噪声增大或声小失真	R_{10} 焊错，电阻偏小或偏大
前置低放 I_{C5} 很大	无声	①R_{10} 短路 ②VT_5 短路
前置低放 I_{C5} 很小	无声	VT_5 管 C、E 接反
二中放无电流，$I_{C3}=0$	无声	①黑中周 B_5 初级断路或损坏 ②白中周 B_4 次级断路或损坏 ③VT_3 三极管脱焊或断路 ④电阻 R_6 脱焊断路损坏 ⑤电阻 R_7 脱焊断路损坏
二中放电流 I_{C3} 很大	无声	①VD_1、VD_2 脱焊、断路或极性接反 ②VT_3 三极管短路损坏
一中放无电流，$I_{C2}=0$	无声	①白中周 B_4 初级断路或损坏 ②黄中周 B_3 次级断路或损坏 ③VT_2 三极管脱焊或断路 ④电阻 R_4 脱焊断路损坏 ⑤电阻 R_5 脱焊断路损坏 ⑥电容 C_4 短路
一中放电流 I_{C2} 偏大	无声	①电阻 R_8 脱焊或断路 ②VT_2 三极管短路损坏
变频级无电流，$I_{C1}=0$	无声	①红中周 B_2 次级断路或损坏 ②天线线圈 B_1 次级断路或损坏 ③VT_1 三极管脱焊或断路 ④电阻 R_1 脱焊断路损坏 ⑤电阻 R_2 脱焊断路损坏 ⑥电容 C_2 短路
变频级电流 I_{C1} 偏大	无声	①电阻 R_1 接错阻值小 ②VT_1 三极管短路损坏

二、电压测量法

电路中各处的直流电压大小虽然各不相同，但具体到某一电路的直流电压大小却是相对固定的。通过测量电压的大小，并与正常值相比较，就能判断该处电路是否异常。

电压测量法是指利用万用表电压挡测量电路板上元器件引脚的工作电压，并与正常电压比较找出故障点的方法。由于测量电压的操作相对简单，所以它是电器维修技术中最基本、最普遍的检查方法之一。

进行电压测量时要注意，万用表的量程选择一定要合适，选择的量程不宜过大以免造成测量误差过大，也不宜选择过小以免烧坏万用表。最好应使万用表的指针指示刻度盘 2/3 处位置。测量时红表笔接高电位，黑表笔接低电位（通常接地或公共零电位点），比较所测数据与参考电压，判断故障出在哪一级并分析故障原因，从而对可疑元器件作进一步检测，找出损坏元器件排除故障。

1. 测量情境电路超外差收音机供电电压

测量情境电路超外差收音机供电电压如图 1-69 所示。

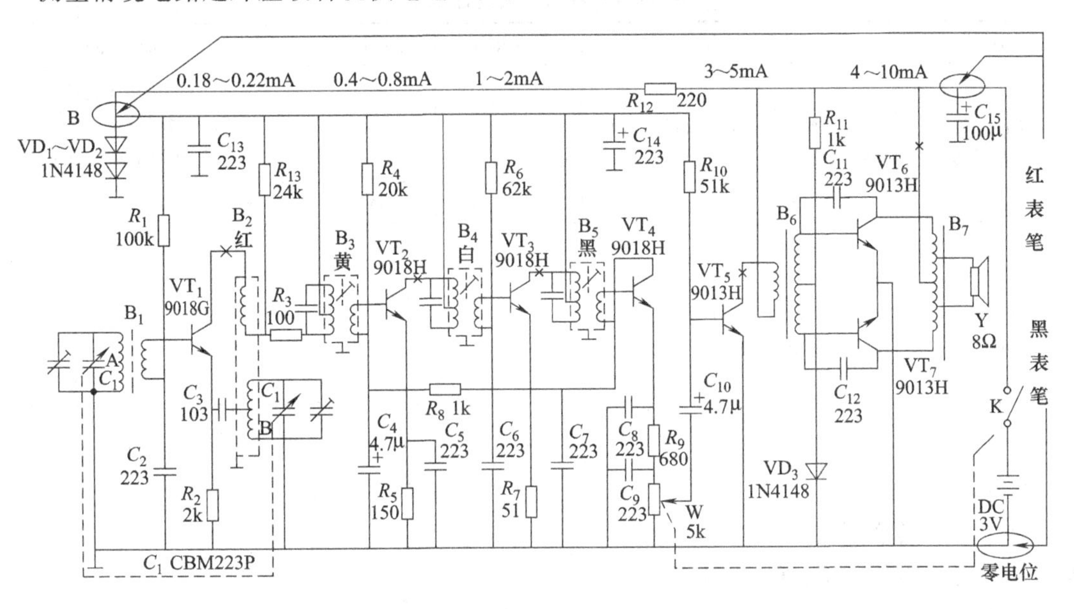

图 1-69　测量情境电路超外差收音机供电电压

① 用万用表 DC10V 挡测量超外差收音机电容 C_{15} 正极（A 测试点）的电压，此电压是收音机功放级、前置低放级集电极的供电电压，也是整机的供电电源电压，如图 1-69 和图 1-70 所示。

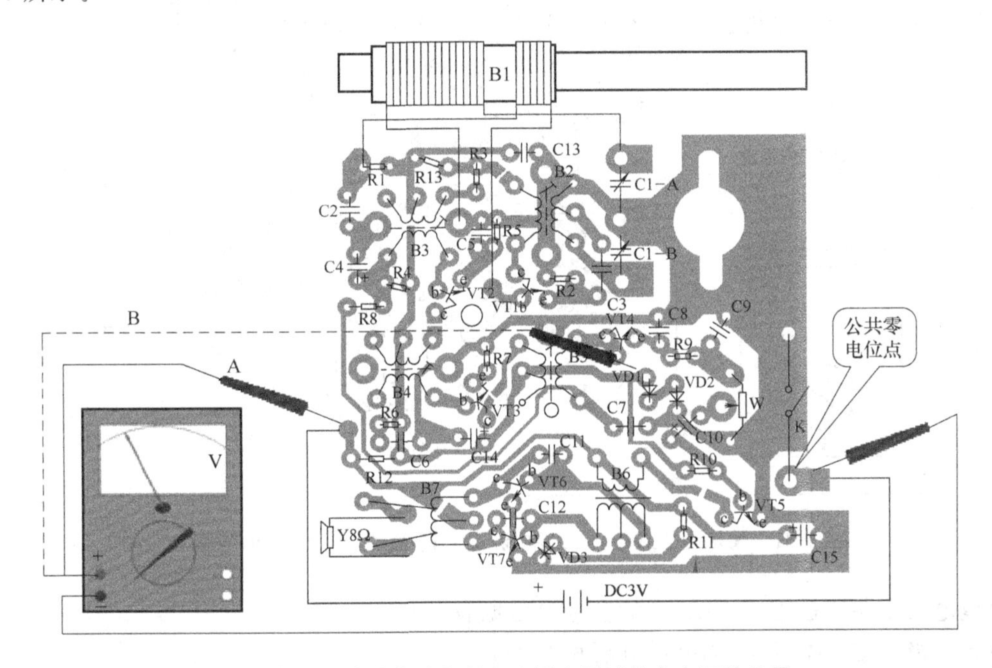

图 1-70　情境电路印制电路板中测试供电电压的位置

② 用万用表 DC2.5V 挡测量超外差收音机二极管 VD_1 正极（B 测试点）的电压，此电压是收音机变频级、一中放、二中放和前置低放级基极的供电电压，如图 1-69 和图 1-70 所示。

③ 供电电路的故障分析见表 1-50。

表 1-50 供电电路的故障分析

测试点	作 用	参考电压	实测电压	故障分析
C_{15}正极（A 测试点）	为功放级、前置低放级集电极供电电压	约 3V	0V	①开关 K 接触不良或损坏 ②C_{15}短路 ③电池和接触片接触不良
			2.5V 以下	电池欠压
二极管 VD_1 正极（B 测试点）	为变频级、一中放、二中放和前置低放级基极供电电压	约 1.4V	0V	①VD_1、VD_2 均短路 ②C_{15}短路 ③R_{12}断路 ④开关 K 接触不良或损坏 ⑤电池和接触片接触不良
			大于 1.5V	VD_1、VD_2 脱焊或接反

2. 测量情境电路超外差收音机中各单元电路三极管的各极电压

将万用表转换开关调至直流电压挡并选择合适量程，黑表笔接地（公共零电位），红表笔分别测各三极管的 C、B、E 电压。

如图 1-71 所示，用万用表测量一中放 VT_2 管的 C、B、E 电压。

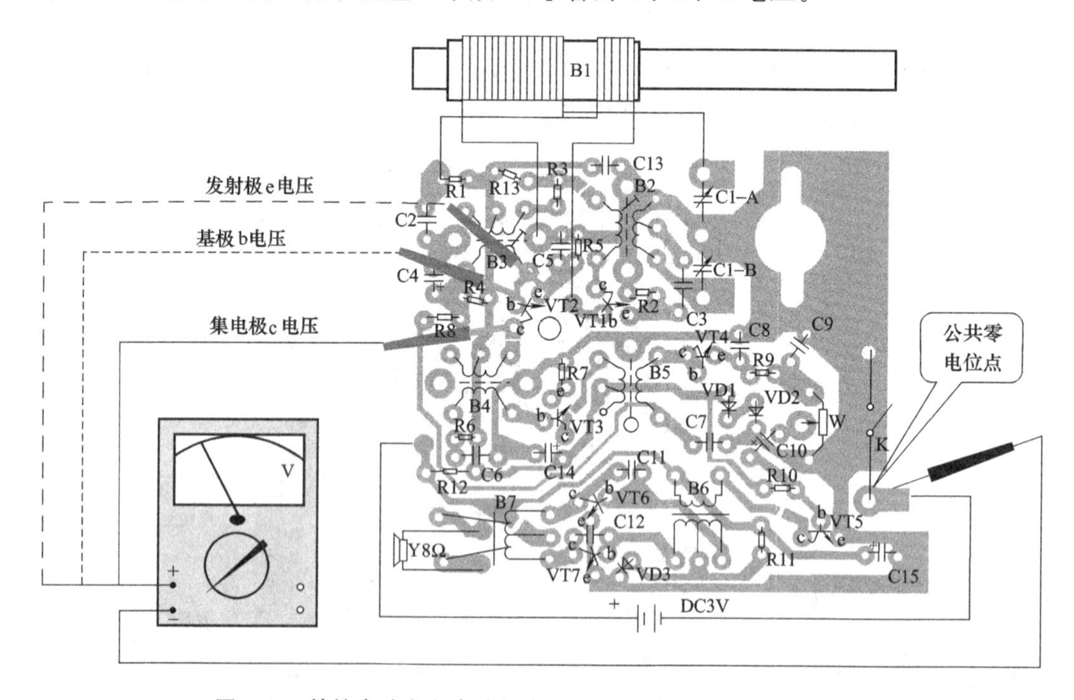

图 1-71 情境电路印制电路板中测量 VT_2 管的 C、B、E 的位置

情境电路中各三极管 C、B、E 的参考电压见表 1-42。

对各三极管 E、B、C 实测电压分析见表 1-51。

三、信号注入法

信号注入法是把信号发生器产生的高频、中频和低频信号注入到各级放大电路的输入端，利用扬声器的声音有无或者利用示波器观察波形有无、是否失真和幅度大小变化来判断

表 1-51　情境电路超外差收音机电压测量法的故障分析

三极管	实测电压	故障分析
VT_1	$U_B=0, U_C=1.3V, U_E=0V$	①R_1 脱焊或断路 ②B_1 次级脱焊或断路
	$U_E=0, U_C=1.3V, U_B=0.38V$	R_2 短路
	$U_E=0, U_C=U_B=1.3V$	VT_1 的 B、E 脱焊或断路
VT_2	$U_B=0, U_C=1.3V, U_E=0V$	①R_4 脱焊或断路 ②B_3 次级脱焊或断路
	$U_C\approx 0V$	B_4 初级脱焊或断路
	$U_E=0, U_C=U_B=1.3V$	VT_2 的 B、E 脱焊或断路
VT_3	$U_B=0, U_C=1.3V, U_E=0V$	①R_6 脱焊或断路 ②B_4 次级脱焊或断路
	$U_C=U_E=0.3V$	VT_3 的 C、E 之间短路击穿
	$U_E=0, U_C=U_B=1.3V$	VT_3 的 B、E 脱焊或断路
VT_4	$U_E=0$	VT_4 的 B、E 脱焊或断路
VT_5	$U_B=0, U_C=3V, U_E=0V$	R_{10}脱焊或断路
	$U_C=0V, U_B=0.6V$	B_6 初级脱焊或断路
VT_6、VT_7	$U_B=0V$	B_6 次级脱焊或断路

故障所在。利用信号注入法可快速判断故障发生在哪部分电路，从而缩小故障范围。下面以情境电路超外差收音机为例，介绍利用信号注入法进行检修的方法。注意，信号发生器的输出线要串接 1μF 左右的电容，避免测试时影响收音机静态工作点。

1. 利用信号注入法快速判定故障范围

收音机根据工作频率不同可分为高频、中频和低频电路，音量电位器是中、低频电路的分界点，因此该处是判定故障在中放电路还是在音频放大电路的关键测试点。

接通收音机电源开关 K，调节信号发生器使其输出信号频率为 0.5～1kHz，将其加到电

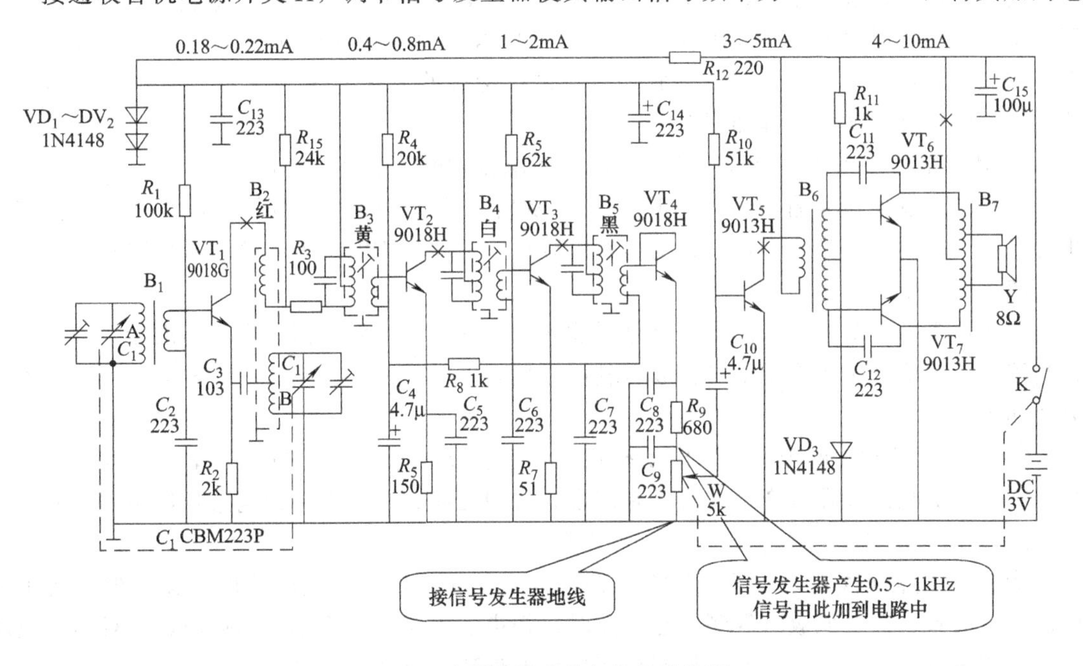

图 1-72　在原理图中注入信号的位置

位器两端，如图 1-72 和图 1-73 所示。若扬声器发声，说明音频放大电路基本正常；若扬声器无声，则说明故障发生在音频放大电路部分。

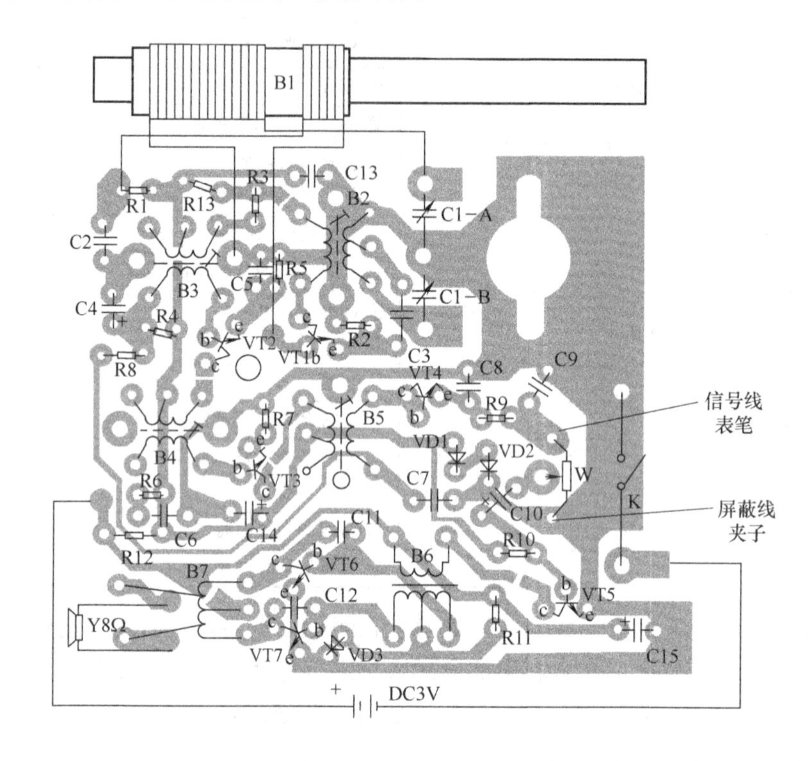

图 1-73 在印制电路板上注入信号的位置

2. 利用信号注入法对音频放大电路进行检查

用信号注入法检查故障，尽量从后级往前级检查，这样便于确定故障点。使用信号发生器产生低频输出时最好在中间串入 1μF 左右的电容，以免加入的交流信号影响收音机的静态工作点。利用信号注入法对音频放大电路进行检查的方法如图 1-74 所示。利用信号注入法检查音频电路的操作流程如图 1-75 所示。

3. 利用信号注入法对检波电路、中频放大电路和变频电路进行检查

调整信号发生器的输出为 465kHz，仍然从后往前注入信号进行检查，此时扬声器应发出“嘟嘟”的声音。具体操作过程与检查音频放大电路的方法类似，这里不再赘述。

四、干扰法

干扰法类似于信号注入法，但是这时注入的不是由信号发生器产生的标准音频信号，而是利用人体感应产生的干扰信号，或者利用万用表电阻挡人为产生的间断电流。其具体操作方法如下。

① 用手握螺丝刀的金属柄从电子整机的后级依次向前级碰触检查，此时在整机的输出端应有明显的噪声或噪波产生；若没有声音，说明在碰触点所在单元电路到扬声器之间存在故障点。

② 将万用表调至 $R\times1$ 挡或 $R\times10$ 挡，红表笔接地，黑表笔断续碰触扬声器、输出变压器、功放管、前置低放管等测试点。此时，扬声器中应有“咔嚓”的响声，而且声音应从后至前逐渐变大；若没有声音，说明后面的元器件存在故障。

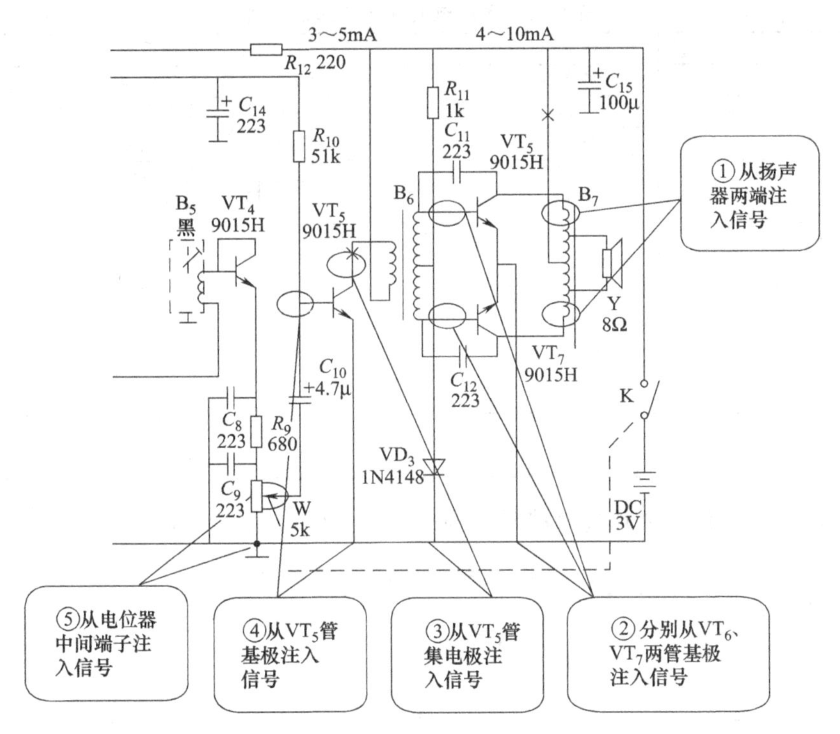

图 1-74　利用信号注入法检查音频电路依次注入信号的位置

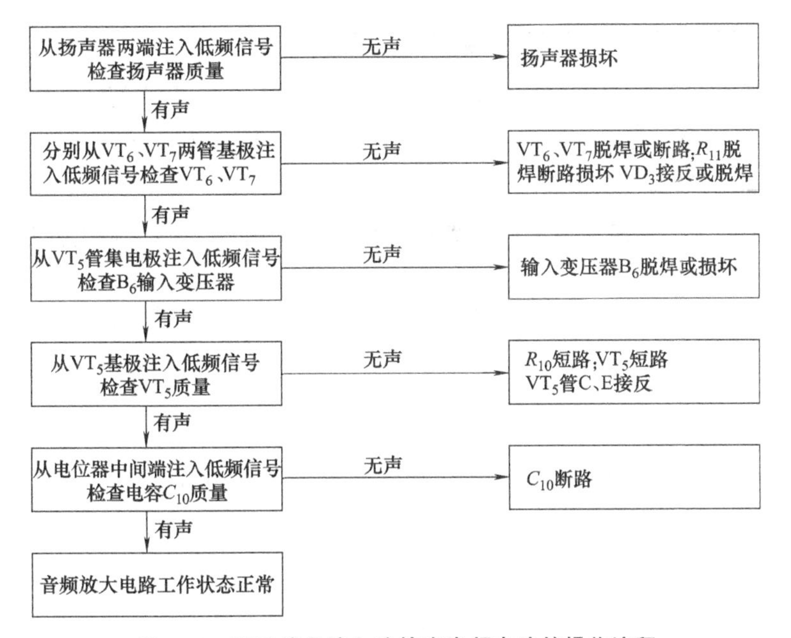

图 1-75　利用信号注入法检查音频电路的操作流程

【任务实施及考核】

邀请工作组内同学将组装的收音机人为设置三次故障点，要求同学依次选择电流测量法、电压测量法和信号注入法完成情境电路的故障检查并排除故障。

① 利用电流测量法完成情境电路设置的故障点①的排除，将检查记录填入表 1-52。

表 1-52　利用电流注入法排除故障

总电流	选择挡位		实测电流	mA
功放级工作电流	实测 $I_{C6、7}$	mA	参考电流	mA
前置低放工作电流	实测 I_{C5}	mA	参考电流	mA
二中放工作电流	实测 I_{C3}	mA	参考电流	mA
一中放工作电流	实测 I_{C2}	mA	参考电流	mA
变频级工作电流	实测 I_{C1}	mA	参考电流	mA
测出的异常电流				
造成的故障现象				
故障分析				
故障元件				
解决方案				

② 利用电压测量法完成情境电路设置的故障点②的排除，将检查记录填入表 1-53。

表 1-53　利用电压测量法排除故障

供电电压	U_A 实测　　V			U_B 实测　　V			
	VT_1	VT_2	VT_3	VT_4	VT_5	VT_6	VT_7
U_E							
U_B							
U_C							
测出的异常电压							
造成的故障现象							
故障分析							
故障元件							
解决方案							

③ 利用信号注入法完成情境电路设置的故障点③的排除，要求画出操作流程图（主要的操作步骤）。

学习情境二

数字钟的制作与调试

【情境描述】

数字电子钟由信号发生器、“时、分、秒”计数器、译码显示器、分频电路、校时电路等组成。本学习情境主要是针对各组成电路进行正确的分析，详细了解其工作过程，在此基础上完成各部分电路的组装，从而完成整机制作。情境电路整机实物图和整机工作框图分别如图 2-1 和图 2-2 所示。在框图中，秒脉冲产生器是整个系统的时基信号，它直接决定计时系统的精度，电路中采用由集成定时器 555 与 *RC* 组成的多谐振荡器作为时间标准信号源，发出频率为 1kHz，再经过 3 级十分频（3 个十进制计数器）后得到 1Hz。将标准秒脉冲信号送入“秒计数器”，该计数器采用 60 进制计数器，每累计 60 秒发出一个“分脉冲”信号，该信号将

图 2-1　整机实物图

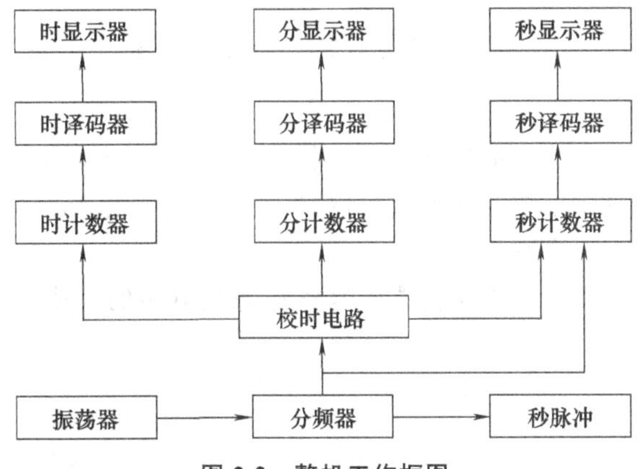

图 2-2　整机工作框图

作为“分计数器”的时钟脉冲。“分计数器”也采用60进制计数器，每累计60分，发出一个“时脉冲”信号，该信号将被送到“时计数器”。“时计数器”采用24进制计数器，可以实现一天24小时的累计。译码显示电路将“时、分、秒”计数器的输出状态经七段显示译码器译码，通过六位LED显示器显示出来。校时电路对“时、分、秒”显示数字进行校对调整。

任务一 集成直流稳压电源组装与调试

【任务描述】

根据数字钟电路的电源工作要求，采用集成芯片组装一性能稳定、输出可调、电压稳定的直流稳压电源，并对组装的电源进行调试，使其参数完全符合数字钟电路需求，组装后的直流稳压电源如图2-3所示。

图2-3 组装后的直流稳压电源

【知识链接】

一、集成直流稳压电源原理图的识读

1. 原理图

集成直流稳压电源的原理图如图2-4所示。

输入220V交流电压经过变压器T降压，再经过整流滤波，最后通过稳压电路稳压产生1.25～15V可调的直流电压，最大输出电流500mA。

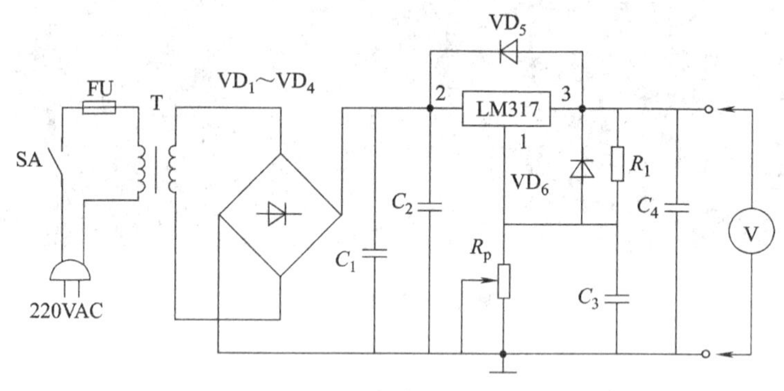

图2-4 集成直流稳压电源原理图

2. 整流滤波电路

整流电路是利用整流元件的单相导电性，将工频交流电转变为具有直流电成分的脉动直流电；滤波电路是将脉动直流中的交流成分滤除，减少交流成分，增加直流成分。任务电路中采用的是桥式整流和电容滤波。

（1）电路组成与输出波形 单相桥式电容整流滤波电路的组成如图2-5（a）所示，其输出波形如图2-5（b）所示。

（2）主要参数计算

输出直流电压为

$$U_o=(1.1\sim1.2)U_2$$

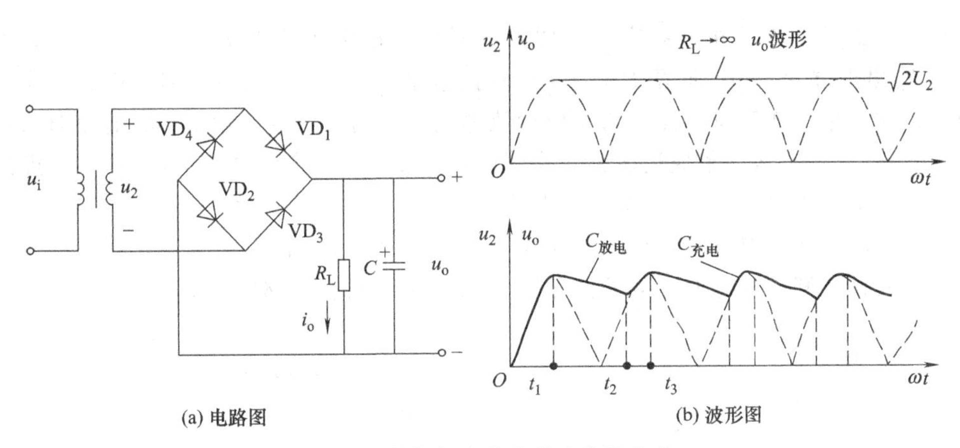

(a) 电路图　　(b) 波形图

图 2-5　单相桥式电容整流滤波电路

输出直流电流为

$$I_o=\frac{U_o}{R_L}=(1.1\sim1.2)\frac{U_2}{R_L}$$

整流二极管的平均电流为

$$I_{VD}=\frac{I_o}{2}=(1.1\sim1.2)\frac{U_2}{2R_L}$$

变压器副边绕组的电流有效值为

$$I_2=(1.5\sim2)I_o$$

3. 集成运算放大器

(1) 集成运放基本结构　集成电路是采用半导体制造工艺将管子、电阻等元器件以及电路的连线都集中制作在一块半导体硅基片上的电路形式，分为模拟集成电路和数字集成电路，集成运放是模拟集成电路的一种，内部是一个高增益的多级直接耦合放大电路。其内部电路一般由输入级、中间电压放大级、输出级和偏置电路四部分组成。

(2) 集成运放的封装符号与引脚功能　集成运放常见的两种封装方式是金属封装和双列直插式塑料封装，外形如图 2-6 所示。

金属封装器件是以管键为辨认标志，由器件顶上向下看，管键朝向自己。管键右方第一根引线为引脚 1，然后逆时针围绕器件，依次数出其余各引脚。双列直插式器件，是以缺口作为辨认标记（有的产品是以商标方向来标记的），由器件顶上向下看，标记朝向自己，标记右方第一根引线为引脚 1，然后逆时针围绕器件，可依次数出其余各引脚。集成运放符号如图 2-7 所示。

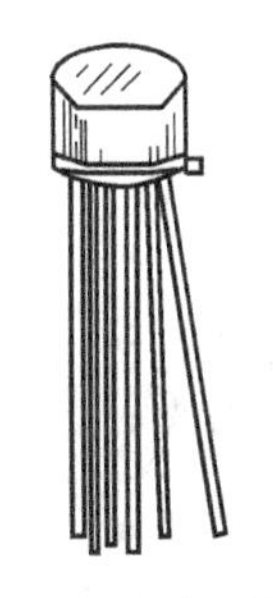

(a) 金属外壳封装

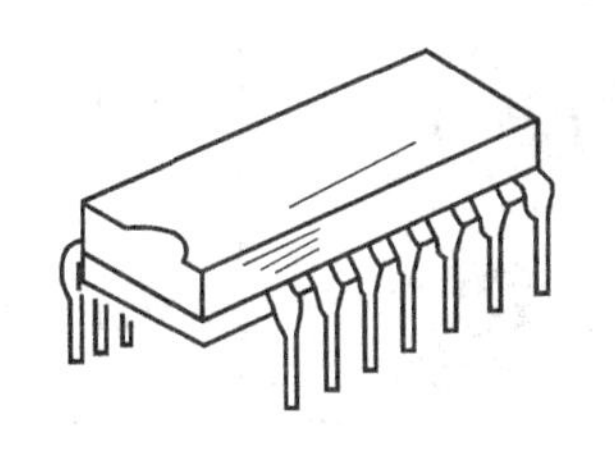

(b) 双列直插式塑料封装

图 2-6　集成运放两种封装

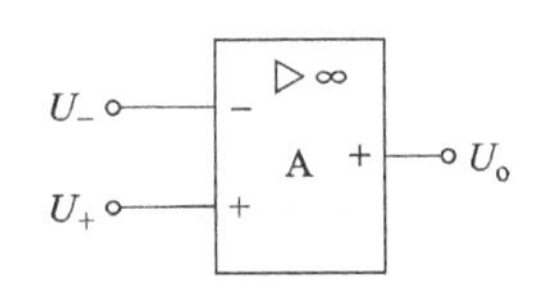

图 2-7　集成运放符号

（3）理想集成运放　理想集成运放要求：开环差模电压放大倍数 $A_{u0}\rightarrow\infty$；输入电阻 $R_{id}\rightarrow\infty$；输出阻抗 $R_o\rightarrow 0$；带宽 $BW\rightarrow\infty$，转换速率 $S_R\rightarrow\infty$；共模抑制比 $K_{CMR}\rightarrow\infty$。

（4）集成运放工作区及特点　当集成运放电路的反向输入端和输出端有通路时（称为负反馈），一般情况下可认为集成运放工作在线性区。此时集成运放具有两个特点：虚短，两个输入端间的电压为零，而又不是短路的现象，即 $u_{id}=u_- - u_+\approx 0$，即 $u_- = u_+$；虚断，集成运放两个输入端不取电流，输入端相当于断路，而又不是断开的现象，即 $i_- = i_+ \approx 0$。

集成运放处于开环状态或运放的同相输入端和输出端有通路时（称为正反馈），具有如下特点：$u_- > u_+$，$u_o = -U_{om}$　$u_- < u_+$，$u_o = +U_{om}$，其中 U_{om}是集成运放输出电压最大值。

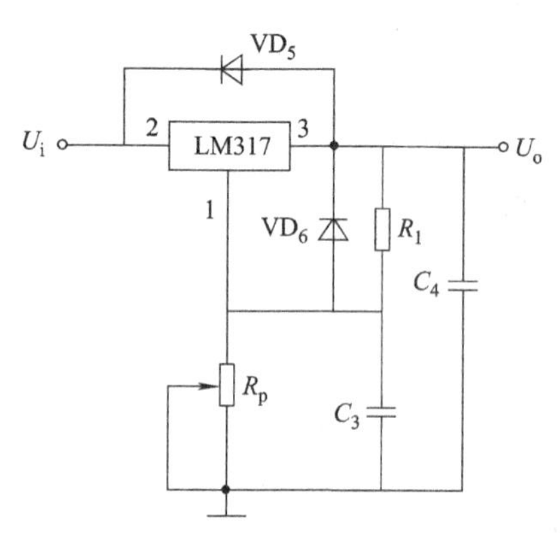

图 2-8　LM317 的基本应用电路

4. 集成稳压电路工作原理

LM317 的基本应用电路如图 2-8 所示，R_1 为取样电阻，R_p 是可调电阻，当 R_p 调到零时，相当于 R_1 下端接地，此时，$U_o=1.25$V，如果将 R_p 下调，随着其阻值的增大，U_o 也不断升高，但最大不得超过极限值 37V。

若取 $R_1=120\Omega$，$R_p=3.4\text{k}\Omega$，或取 $R_1=240\Omega$，$R_p=6.8\text{k}\Omega$，均能获得 1.25～37V 连续可调的电压调整范围。LM317 输出电压的表达式为

$$U_o=1.25(1+R_p/R_1)$$

另外，电路中 C_3 是滤波电容器，可滤除 R_p 两端的纹波电压；C_4 是防自激振荡电容器，要求使用 1μF 的钽电容器；VD_5、VD_6 是保护二极管，可防止输入端及输出端对地短路时烧坏稳压器的内部电路。

二、集成直流稳压电源元器件的识别与检测

1. 直流稳压电源元器件的识别

直流稳压电源包含元器件数目不多，每个元器件在电路中所起的作用各不相同，见表 2-1。

表 2-1　集成直流稳压电源元器件

编号	元器件名称	实物图	参　数	元器件作用
T	变压器		22V/16-18V	降压
VD_1～VD_4	二极管		1N4001，耐压大于 50V	整流
C_1	电解电容		3300μF/25V	滤波
C_2	纸介电容		0.22μF/160V	
C_3	电解电容		10μF/25V	

续表

编号	元器件名称	实物图	参　　数	元器件作用
C_4	电解电容		100μF/25V	防自激
LM317	三端稳压器		1.25～37V 可调	稳压
R_p	电位器		1.8kΩ	调压
VD_5、VD_6	二极管		1N4001，耐压大于 50V	保护

2. LM317 三端稳压器的检测

判断 LM317 三端稳压器管脚的方法：将 LM317 管脚朝下，把标记有“LM317”的一面对着自己，从左边管脚开始依次是调整端、输出端和输入端，如图 2-9 所示。

判断 LM317 三端稳压器的质量好坏的检测方法如图 2-10 所示。

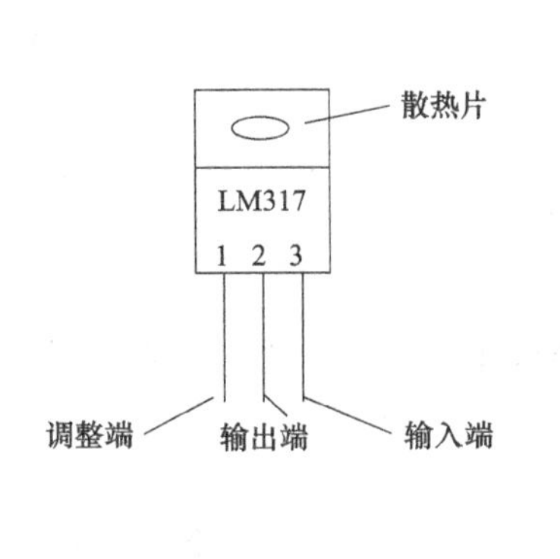

图 2-9　判断管脚

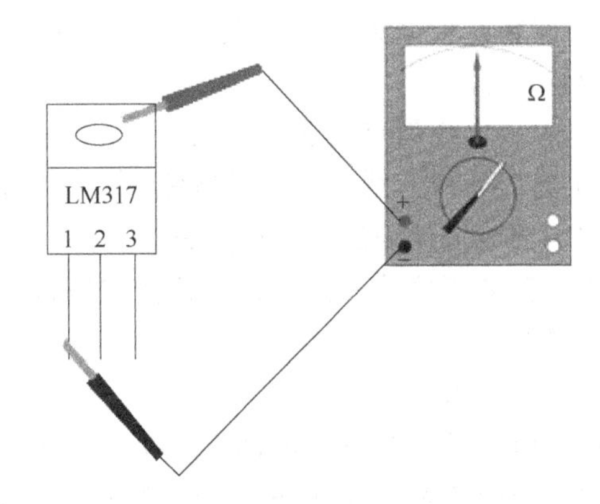

图 2-10　判断质量好坏

将万用表调至 $R\times1k$ 挡，红表笔接散热片（带小圆孔），黑表笔依次接 1、2、3 管脚，检测的正确结果见表 2-2。若所测数据与表中数据不符，说明 LM317 存在质量问题。

表 2-2　LM317 质量检测数据

管　　脚	电　阻　值	说　　明
1	24kΩ	调整端
2	0Ω	输出端
3	4kΩ	输入端

三、集成直流稳压电源的制作

印制电路板的制版，就是已有电路图而没有印制电路板图，需要根据已有的电路图进行印制电路板的设计。在此任务中就是将二极管、电阻、电容、集成芯片等元件构成的整流、滤波、稳压电路，通过在多功能电路板（PCB 板）焊接，从而实现集成可调直流稳压电源功能。

1. 绘制集成可调直流稳压电源印制电路板制版图

依据印制电路板制版的要求，选择自己适合的布局方式，结合发放的多功能电路板绘制出元件的布局图。

布局要求如下。

① 按信号流程安排。

② 以核心元器件为中心安排。

③ 以信号线为主安排，在对整个电路进行布局时，先要考虑信号线（因为信号线不宜过长）再布置电源线和地线，这是由于电源线与地线的长度不受限制。

④ 以电路板元器件排列均匀、整齐、紧凑来安排。

⑤ 以便于前后级电路连接来安排。

在设计底图时，元器件的排列布置必须全面考虑，以满足电、热和机械等方面的要求。元器件应均匀、整齐、平行地排列在印制板上，尽量不采用不同角度的排列方式。位于印制板的边上的元器件，离板的边缘至少 2mm。

2. 集成可调直流稳压电源制作步骤

① 首先应清查元器件的数量与质量，并进行检查，对不合适的元器件应及时更换。

② 确定元器件的安装方式、安装高度。

③ 进行引脚处理，即对器件的引脚弯曲成形并进行烫锡处理。成形时不得从引脚根部弯曲，尽量把有字符的器件面置于易于观察的位置，字符从左至右（卧式），从下至上（立式）。

④ 安装：根据集成可调直流稳压电源印制电路板制版图安装，不可装错，对有极性的元件应特别小心。

⑤ 焊接：各焊点加热时间及用锡量要适当，对耐热性差的元器件应使用工具辅助散热。

⑥ 焊后处理：剪去多余引脚线，检查所有焊点，对缺陷进行修补。

四、集成直流稳压电源的调试

将电源变压器等外围元器件连接好确认无误后，将可变电位器调至中间位置，然后再通电进行调试。

1. 电压调试

接通电源后，测量变压器次级应有 18V 左右的交流电压输出，测集成稳压芯片的输入端对地电压应约有 24V 左右，说明整流、滤波电路输出的电压基本正常。也可用示波器观察各输出波形，对比是否与理论分析波形相符，若不同进行故障排除。

2. 调输出电压

在集成稳压块输出端与地之间接上一只 0～15V 直流电压表或用万用表直流电压 25V 挡，调整可变电位器，电压应能从 1.25～15V 之间连续可调。

3. 负载试验

调整可变电位器，使输出电压在 6～8V 之间，接上 0.5A、6～8V 小灯泡作负载，电压不应有明显下降。如果输出电压下降 0.1V 以上，则说明整流部分有故障，此时可测量滤波电容两端电压判断。如不带负载时为 24V 左右，带上负载时两端电压就下降较多，则可检查桥式整流二极管有无虚焊或其中某个二极管特性有无不良等。

【任务实施及考核】

一、完成桥式整流电路的连接并叙述其工作过程

完成桥式整流电路中四个二极管的连接电路，如图 2-11 所示，并叙述桥式整流的工作过程。

二、LM317 三端稳压器的检测

将万用表调至 $R\times1\text{k}$ 挡，红、黑表笔的接法见表 2-3，将测得的阻值填入表 2-3 中。

表 2-3　电阻测量

红表笔	黑表笔	阻　值
1	2	
	3	
2	1	
	3	
3	1	
	2	

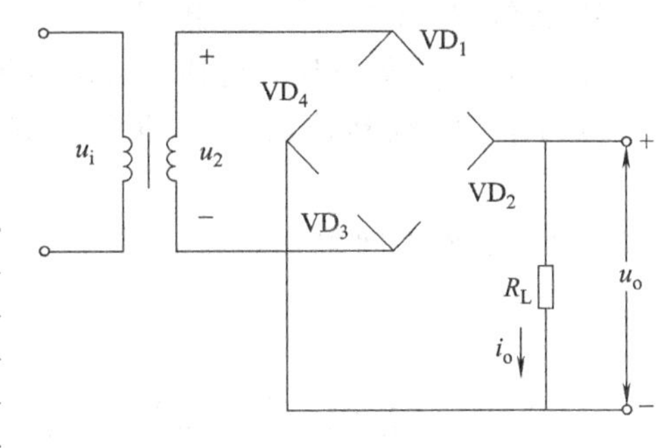

图 2-11　桥式整流电路

根据检测结果判断：LM317 三端稳压器如果有故障，则故障在________之间；如果没有故障，则 1、2、3 管脚对应的名称分别为________、________、________。

三、直流稳压电源通电前的检测

为了防止发生故障，直流稳压电源在通电前必须进行检测，其检测点位置如图 2-12 所示。

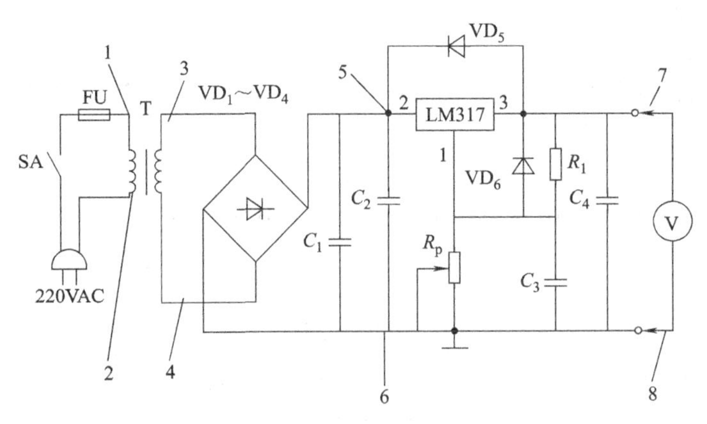

图 2-12　检测点位置图

① 测得 1、2 两点之间的电阻为________，此电阻为变压器的________级电阻。若此阻值为无穷大，则变压器________；若此值为 0，则变压器________（填短路或断路）。

② 测得 3、4 两点之间的电阻为________，此电阻主要是变压器的________级电阻。若此阻值为无穷大，则变压器________；若此值为 0，则变压器________（填短路或断路）。

③ 测得 5、6 两点之间的电阻为________，若此阻值为 0，则故障元器件可能是________。

④ 测得 7、8 两点之间的电阻为________，若此阻值为 0，则故障元器件可能是________。

四、直流稳压电源通电测试

如图 2-12 所示测试电路，给直流电压源供电，按测试要求填写结果。

① 测 1、2 之间电压，应使用万用表的________挡，测得的电压值为________V。

② 测 3、4 之间电压，应使用万用表的________挡，测得的电压值为________V。

③ 测 5、6 之间电压，应使用万用表的________挡，测得的电压值为________ V，若用交流挡测试，会出现________情况。

④ 测 7、8 之间电压，应使用万用表的________挡，测得的电压值为________ V；

⑤ 调节 R_P 观察输出电压的变化范围，输出电压最大值为________ V，最小值为________ V。

⑥ 测 7、8 之间电压，将其同 5、6 之间电压相比较，________之间的电压高，说明________。

任务二 显示译码器电路的分析与组装

【任务描述】

针对数字钟电路中的显示译码电路部分进行原理分析，重点讨论由 74LS48 组成的显示译码器如何将计数器输出的“秒”、“分”、“时”代码进行转换，通过 74LS48 驱动最终在数码管显示的过程；然后在多功能板上按照布线的要求完成显示译码电路的组装。

【知识链接】

一、逻辑代数基础

逻辑代数是进行数字电路知识分析的数学工具，重点掌握进制、逻辑关系和逻辑代数公式等几方面内容。

1. 进制

(1) 十进制　在十进制中有 0～9 十个数码，基数为 10，逢十进一，借一当十，权为 10^i。

$$(N)_{10} = \sum_{i=-m}^{n-1} K_i 10^i$$

例如：　$(34.214)_{10}=3\times10^1+4\times10^0+2\times10^{-1}+1\times10^{-2}+4\times10^{-3}$

(2) 二进制　二进制由 0 和 1 两个数码组成，基数为 2，逢二进一，借一当二，权为 2^i。

$$(N)_2 = \sum_{i=-m}^{n-1} K_i 2^i$$

例如：　$(101.11)_2=1\times2^2+0\times2^1+1\times2^0+1\times2^{-1}+1\times2^{-2}$

(3) 二进制和十进制之间的相互转换

① 二进制数转换成十进制数　方法：把所有各项的数值按十进制相加，可得等值十进制数。

例如：　$(101.01)_2=1\times2^2+0\times2^1+1\times2^0+0\times2^{-1}+1\times2^{-2}=(5.75)_{10}$

② 十进制数转换成二进制数

a. 整数部分的转换　方法：除 2 取余，逆序排列。

b. 小数部分的转换　方法：乘 2 取整，顺序排列。

例如：将十进制数 $(107.625)_{10}$ 转换成二进制数，保留三位小数。

整数部分转换：

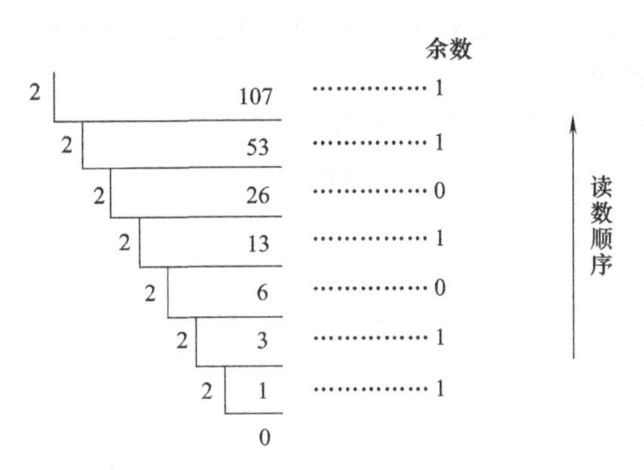

所以$(107)_{10}=(1101011)_2$。

小数部分转换：

0.625×2=1.250　　整数部分　1

0.250×2=0.500　　整数部分　0

0.500×2=1.00　　整数部分　1

读数顺序

所以$(0.625)_{10}=(.101)_2$。

最后可得 $(107.625)_{10}=(1101011.101)_2$。

2. 逻辑变量与逻辑运算

(1) 逻辑变量　为描述相互对立的逻辑关系，在逻辑代数中用仅有两个取值（0 或 1）的变量来表示，这种二值变量就称为逻辑变量。

(2) 逻辑代数的基本运算

① 与逻辑关系、与运算　当决定一件事情的各个条件全部具备时，这件事才发生，这样的因果关系称为与逻辑关系。完成与逻辑关系的运算称与运算。表示为

$$Z=AB$$

符号：

A　&　Z
B

与普通代数相似的与运算的运算规则：

$0\cdot 0=0$　　$0\cdot 1=0$　　$1\cdot 0=0$　　$1\cdot 1=1$

② 或逻辑关系、或运算　当决定一件事情的各个条件中，只要具备一个或者一个以上的条件，这件事情就会发生，这样的因果关系称为或逻辑关系。完成或逻辑关系的运算称为或运算。表示为

$$Z=A+B$$

符号：

A　≥　Z
B

与普通代数相似的或运算的运算规则：

$0+0=0$　　$0+1=1$　　$1+0=1$　　$1+1=1$

③ 非逻辑关系、非运算　非就是反，非逻辑关系就是结果否定所给的逻辑条件，或者结果的产生是条件的逻辑反。

完成非逻辑关系的运算称为非运算。表示为

$$Z=\overline{A}$$

符号：

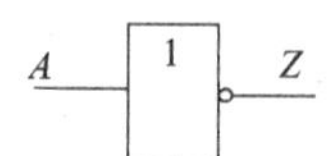

与普通代数相似的非运算的运算规则：

$$\overline{0}=1 \qquad \overline{1}=0$$

(3) 几种常用逻辑运算　比较常用的几种逻辑运算关系见表 2-4。

表 2-4　几种常用的逻辑运算

逻辑关系	逻辑表达式	逻辑符号
与非逻辑关系	$Z_1=\overline{AB}$	(与非门符号：输入 A、B，&，输出 Z_1)
或非逻辑关系	$Z_2=\overline{A+B}$	(或非门符号：输入 A、B，≥，输出 Z_2)
与或非逻辑关系	$Z_3=\overline{AB+CD}$	(与或非门符号：输入 A、B、C、D，&，≥，输出 Z_3)
异或逻辑关系	$Z_4=A\oplus B=A\overline{B}+\overline{A}B$	(异或门符号：输入 A、B，=1，输出 Z_4)

3. 逻辑代数的基本公式

(1) 10 律

$$A\cdot 1=A$$
$$A+0=A$$
$$A\cdot 0=0$$
$$A+1=1$$

(2) 还原律

$$\overline{\overline{A}}=A$$

(3) 同一律

$$AA=A$$
$$A+A=A$$

(4) 交换律

$$AB=BA$$
$$A+B=B+A$$

(5) 结合律

$$(AB)C=A(BC)$$
$$(A+B)+C=A+(B+C)$$

(6) 分配律

$$A(B+C)=AB+BC$$
$$A+BC=(A+B)(A+C)$$

(7) 反演律

$$\overline{AB}=\overline{A}+\overline{B}$$
$$\overline{A+B}=\overline{A}\,\overline{B}$$

(8) 吸收律

$$A(A+B)=A$$
$$A+AB=A$$
$$A(\overline{A}+B)=AB$$
$$A+\overline{A}B=A+B$$

(9) 附加律

$$AB+\overline{A}C+BC=AB+\overline{A}C$$
$$(A+B)(\overline{A}+C)(B+C)=(A+B)(\overline{A}+C)$$
$$(A+B)(\overline{A}+B)=B$$
$$AB+\overline{A}B=B$$

(10) 关于异或运算的一些公式

$$A\oplus B=A\overline{B}+\overline{A}B$$
$$A\odot B=\overline{A\oplus B}=AB+\overline{A}\,\overline{B}$$
$$A\oplus 1=\overline{A}$$
$$A\oplus 0=A$$
$$A\oplus A=0$$
$$A\oplus \overline{A}=1$$

4. 逻辑函数的公式法化简

(1) 最简式的标准　在与或表达式中乘积项最少，每个乘积项中所含的因子最少。

① 最简与或式　乘积项个数最少，每乘积项中相乘变量个数也最少的与或表达式。

$$Z=A\overline{B}+\overline{A}B$$

② 最简与非-与非式　非号最少，每个非号下面相乘的变量个数也最少的与非-与非式。

$$Z=A\overline{B}+\overline{A}B=\overline{\overline{A\overline{B}+\overline{A}B}}=\overline{\overline{A\overline{B}}\cdot\overline{\overline{A}C}}$$

(2) 逻辑函数的公式化简法

并项法

$$AB+\overline{A}B=B$$

吸收法

$$A+AB=A$$

消去法

$$A+\overline{A}B=A+B$$

配项法

$$AB+\overline{A}C+BC=AB+\overline{A}C$$

例如：化简 $Z=AD+A\overline{D}+AB+\overline{A}C+BD+ACEF+\overline{B}EF+DEFG$。

$$\begin{aligned}Z&=AD+A\overline{D}+AB+\overline{A}C+BD+ACEF+\overline{B}EF+DEFG\\&=A+\overline{A}C+BD+\overline{B}EF+DEFG\\&=A+C+BD+\overline{B}EF\end{aligned}$$

二、译码器

用文字、符号或数字等表示特定对象的过程称编码，完成编码功能的电路称为编码器。在数字系统中，译码器的功能是将一种数码变换成另一种数码。图 2-13 所示为集成译码器的典型电路 74LS138 的逻辑功能示意。译码器的输出状态是其输入变量各种组合的结果。译码器的输出既可以用于驱动或控制系统其他部分，也可驱动显示器，实现数字、符号的显示。译码器是一种组合电路，工作状态的改变无需依赖时序脉冲。译码器可分为数码译码和显示译码两大类。

其中：$A_2A_1A_0$ 为二进制译码器输入端；$\overline{Y}_7$～$\overline{Y}_0$为译码输出端（低电平有效）；S_1、$\overline{S}_2$、$\overline{S}_3$为选通控制端。当 $S_1=1$、$\overline{S}_2+\overline{S}_3=0$ 时，译码处于工作状态；当 $S_1=0$、$\overline{S}_2+\overline{S}_3=1$ 时，译码处于禁止状态。

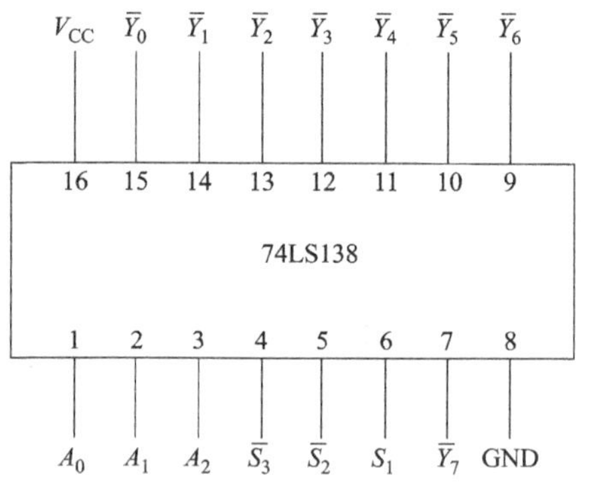

图 2-13 74LS138 逻辑功能示意

三、显示译码器

在数字测量仪表和各种数字系统中，都需要将数字量直观地显示出来，一方面供人们直接读取测量、运算的结果；另一方面用于监视数字系统的工作情况。因此，数字显示电路是许多数字设备不可缺少的部分。任务电路中数字显示由译码器、驱动器和显示器等部分组成，框图如图 2-14 所示。下面分别对显示和译码驱动部分进行介绍。

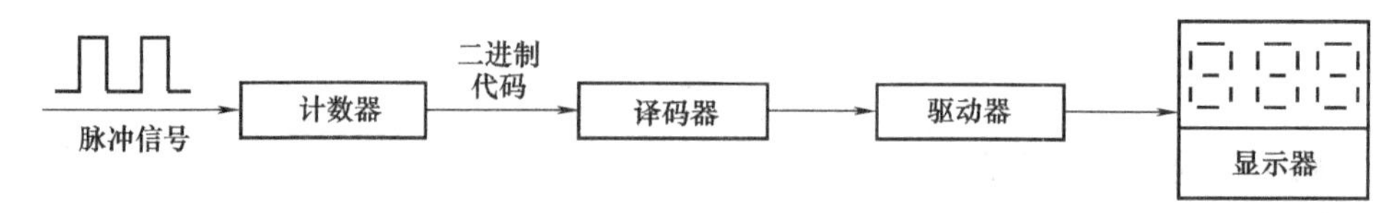

图 2-14 显示译码电路组成框图

1. 七段字符显示器

显示译码：包括驱动液晶显示器（LCD）、发光二极管（LED）、荧光数码管等。

用来驱动各种显示器件，从而将用二进制代码表示的数字、文字、符号翻译成人们习惯的形式直观地显示出来的电路，称为显示译码器。主要包括发光二极管（LED）数码管和液晶显示（LCD）数码管两种，任务电路采用的是 LED 数码管。

LED 数码管是由发光二极管构成的，将条状发光二极管按照共阴极（负极）或共阳极（正极）的方法连接，组成“8”字形，再把发光二极管另一电极作笔段电极，就构成了 LED 数码管，如图 2-15 所示。其特点是体积小、功耗低、耐振动、寿命长、亮度高、单色性好、发光响应的时间短，能与 TTL、CMOS 电路兼容。

图 2-15（b）为共阴极结构，图 2-15（c）为共阳极结构。a～g 是 7 个笔段电极，h 为小数点。共阴极与共阳极的具体接法说明如下。

① 共阴极接法：当公共端接低电平，某一笔段接高电平时发光。即哪个 LED 的阳极接收到高电平，哪个 LED 发光。

② 共阳极接法：当公共端接高电平，某一笔段接低电平时发光。即哪个 LED 的阴极接收到低电平，哪个 LED 发光。

使用时每个发光二极管要串联限流电阻（约 100Ω）。

数码的显示方式一般有三种：第一种是字形重叠式，它是将不同字符的电极重叠起来，

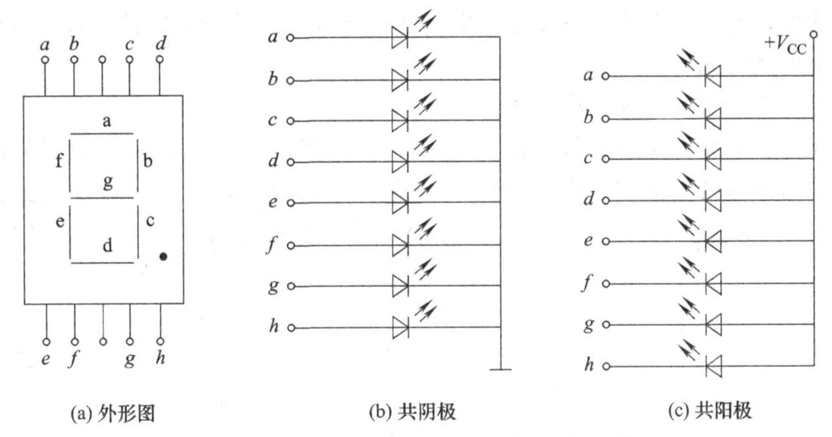

(a) 外形图　　(b) 共阴极　　(c) 共阳极

图 2-15　七段发光二极管（LED）数码管

要显示某字符，只需使相应的电极发亮即可，如辉光放电管、边光显示管等；第二种是分段式，数码是由分布在同一平面上若干段发光的笔段组成，如荧光数码管等；第三种是点阵式，它由一些按一定规律排列的可发光的点阵所组成，利用光点的不同组合便可显示不同的数码，如发光记分牌。数字显示方式目前以分段式应用最普遍，任务电路采用分段式。

七段式数字显示器利用不同发光段组合方式，显示 0～15 等阿拉伯数字。在实际应用中，10～15 并不采用，而是用 2 位数字显示器进行显示。组合图如图 2-16 所示。

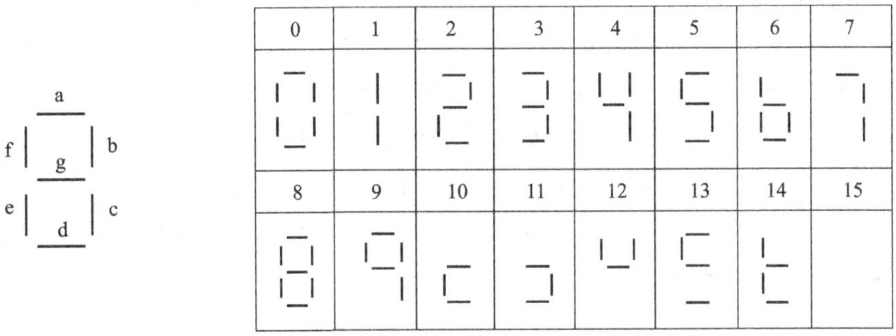

图 2-16　七段式数字显示器发光段组合图

2. LED 数码管的简易检测和使用注意事项

（1）性能简易检测　LED 数码管外观要求颜色均匀、无局部变色及无气泡等，在业余条件下可用干电池作进一步检查。现以共阴极数码管为例介绍检查方法。

将 3V 干电池负极引出线固定接触在 LED 数码管的公共负极端上，电池正极引出线依次移动接触笔段的正极端。这一根引出线接触到某一笔段的正极端时，那一笔段就应显示出来。用这种简单的方法就可检查出数码管是否有断笔（某笔段不能显示）、连笔（某些笔段连在一起），并且可相对比较出不同笔段发光的强弱性能。若检查共阳极数码管，只需将电池正负极引出线对调一下，方法同上。LED 数码管每笔段工作电流 I_{LED} 在 5～10mA 之间，若电流过大会损坏数码管，因此必须加限流电阻。

（2）使用注意事项　检查时若发光暗淡，说明器件已老化，发光效率太低。如果显示的笔段残缺不全，说明数码管已局部损坏。

对于型号不明、又无管脚排列图的 LED 数码管，用数字万用表的 h_{FE} 挡可完成下述测试工作：判定数码管的结构形式（共阴或共阳）；识别管脚；检查全亮笔段。预先可假定某个电极为公共极，然后根据笔段发光或不发光加以验证。当笔段电极接反或公共极判断错误时，该笔段就不能发光。

3. 集成显示译码器 74LS48 功能介绍

要想在数码管上显示十进制数，就必须先把 BCD 码转换成 7 段字型数码管所要求的代码。把能够将 BCD 码转换成 7 段字型代码，并使数码管显示出十进制数的电路称为“七段字型译码器”。显示译码器种类和型号很多，常用的显示译码器有 74LS48（共阴）和 74LS47（共阳）等，本情境电路采用 BCD-7 段显示译码器/驱动器 74LS48。

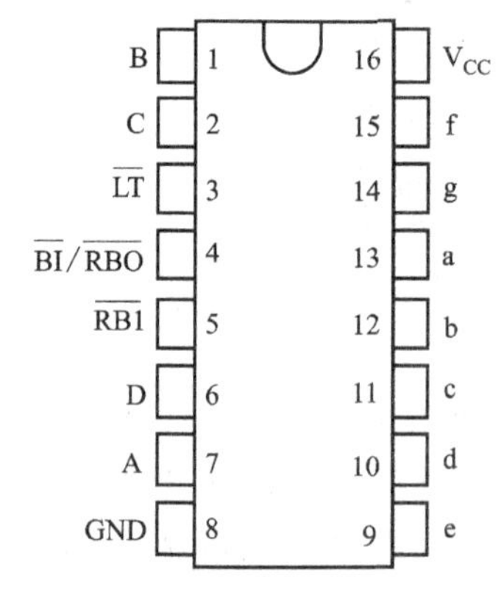

图 2-17　74LS48 引脚功能图

74LS48 是由与非门、输入缓冲器和 7 个与或非门组成的 BCD-7 段译码器/驱动器，引脚功能图如图 2-17 所示。

74LS48 七段显示译码器输出高电平有效，用以驱动共阴极显示器。该集成显示译码器设有 3 个辅助控制端$\overline{LT}$、$\overline{RBI}$、$\overline{BI}/\overline{RBO}$，以增强器件的功能。

$\overline{LT}$——测试灯输入端。$\overline{LT}=0$（低电平有效）且$\overline{BI}=1$时，$Y_a \sim Y_g$ 输出均为 1，正常译码显示时，$\overline{LT}$应处于高电平，即$\overline{LT}=1$。

$\overline{BI}/\overline{RBO}$——双重功能端。此端可作为输入信号端又可作为输出信号端。作为输入端时是熄灭信号输入端$\overline{BI}$，利用$\overline{BI}$端可按照需要控制数码管显示或不显示。当$\overline{BI}=0$时（低电平有效），无论 $A_3A_2A_1A_0$ 状态如何，$Y_a \sim Y_g$ 均为 0，数码管不显示。当该端作为输出端时是灭零输出端$\overline{RBO}$，当$\overline{RBI}=0$，且 $A_3A_2A_1A_0=0000$ 时，$\overline{RBO}=0$。

$\overline{RBI}$——灭零输入端。该端的作用是将数码管显示的数字 0 熄灭。当$\overline{RBI}=0$（低电平有效）、$\overline{LT}=1$ 且 $A_3A_2A_1A_0=0000$ 时，$Y_a \sim Y_g$ 均输出 0，数码管不显示。

逻辑功能表见表 2-5，功能表中用 $A_3A_2A_1A_0$ 表示（4 位）输入的 8421BCD 码，用$Y_a \sim Y_g$（7 位）表示输出为七段显示。

表 2-5　74LS48 逻辑功能表

十进制数	$\overline{LT}$	$\overline{RBI}$	A_3	A_2	A_1	A_0	$\overline{BI}/\overline{RBO}$	Y_a	Y_b	Y_c	Y_d	Y_e	Y_f	Y_g	说明
$\overline{LT}$	0	×	×	×	×	×	1	1	1	1	1	1	1	1	测试灯
$\overline{BI}$	×	×	×	×	×	×	0	0	0	0	0	0	0	0	熄灭
$\overline{RBI}$	1	0	0	0	0	0	0	0	0	0	0	0	0	0	灭 0
0	1	×	0	0	0	0	1	1	1	1	1	1	1	0	显示 0
1	1	×	0	0	0	1	1	0	1	1	0	0	0	0	显示 1
2	1	×	0	0	1	0	1	1	1	0	1	1	0	1	显示 2
3	1	×	0	0	1	1	1	1	1	1	1	0	0	1	显示 3
4	1	×	0	1	0	0	1	0	1	1	0	0	1	1	显示 4
5	1	×	0	1	0	1	1	1	0	1	1	0	1	1	显示 5
6	1	×	0	1	1	0	1	0	0	1	1	1	1	1	显示 6
7	1	×	0	1	1	1	1	1	1	1	0	0	0	0	显示 7
8	1	×	1	0	0	0	1	1	1	1	1	1	1	1	显示 8
9	1	×	1	0	0	1	1	1	1	1	0	0	1	1	显示 9
10	1	×	1	0	1	0	1	0	0	0	1	1	0	1	无效
11	1	×	1	0	1	1	1	0	0	1	1	0	0	1	无效
12	1	×	1	1	0	0	1	0	1	0	0	0	1	1	无效
13	1	×	1	1	0	1	1	1	0	0	1	0	1	1	无效
14	1	×	1	1	1	0	1	0	0	0	1	1	1	1	无效
15	1	×	1	1	1	1	1	0	0	0	0	0	0	0	无效

4. 七段译码器显示驱动电路

在任务电路中所用的显示器是共阴极形式，阴极必须接地，由 74LS48 和 LED 七段共阴极数码管组成一位数码显示电路，若将“秒”、“分”、“时”计数器的每位输出分别接到相应七段译码器的输入端，便可进行不同数字显示。七段译码器显示驱动电路如图 2-18 所示，其逻辑功能表见表 2-6。

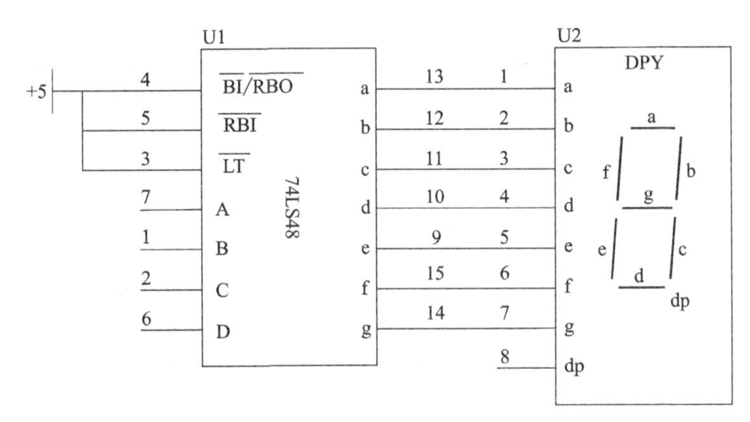

图 2-18　七段译码器显示驱动电路

表 2-6　七段译码器驱动显示逻辑功能表

输　入					输　出							
数字	D	C	B	A	Y_a	Y_b	Y_c	Y_d	Y_e	Y_f	Y_g	字形
0	0	0	0	0	1	1	1	1	1	1	0	0
1	0	0	0	1	0	1	1	0	0	0	0	1
2	0	0	1	0	1	1	0	1	1	0	1	2
3	0	0	1	1	1	1	1	1	0	0	1	3
4	0	1	0	0	0	1	1	0	0	1	1	4
5	0	1	0	1	1	0	1	1	0	1	1	5
6	0	1	1	0	0	0	1	1	1	1	1	6
7	0	1	1	1	1	1	1	0	0	0	0	7
8	1	0	0	0	1	1	1	1	1	1	1	8
9	1	0	0	1	1	1	1	0	0	1	1	9
10	1	0	1	0	0	0	0	1	1	0	1	
11	1	0	1	1	0	0	1	1	0	0	1	
12	1	1	0	0	0	1	0	0	0	1	1	
13	1	1	0	1	1	0	0	1	0	1	1	
14	1	1	1	0	0	0	0	1	1	1	1	
15	1	1	1	1	0	0	0	0	0	0	0	

【任务实施及考核】

① 用数字电子实验装置对集成芯片进行测试和判断

a. 七段共阴极显示器测试（LED 数码管的性能检测），填写表 2-7。

表 2-7　七段共阴极显示器测试

输入	a	b	c	d	e	f	g	h	质量
0									
1									

b. 集成芯片 74LS48 检测，填写表 2-8。

表 2-8　集成芯片 74LS48 检测

元件序号	$\overline{LT}$	$\overline{BI}/\overline{RBO}$	$\overline{RBI}$	A_3　A_2 A_1　A_0	输出 $Y_a \sim Y_g$	质量判断
74LS48						

② 单元电路

a. 工作原理。

b. 译码显示电路设计。

③ 完成任务电路的组装。

④ 收获、体会与建议。

任务三　振荡器电路的分析与组装

【任务描述】

分析情境电路中振荡器电路部分（见图 2-19）的组成、工作过程和主要的参数计算，使振荡电路能够产生稳定的 1kHz 脉冲频率信号来作为分频器的输入信号。然后根据布线要求在多功能印制电路板上完成振荡器电路的组装。

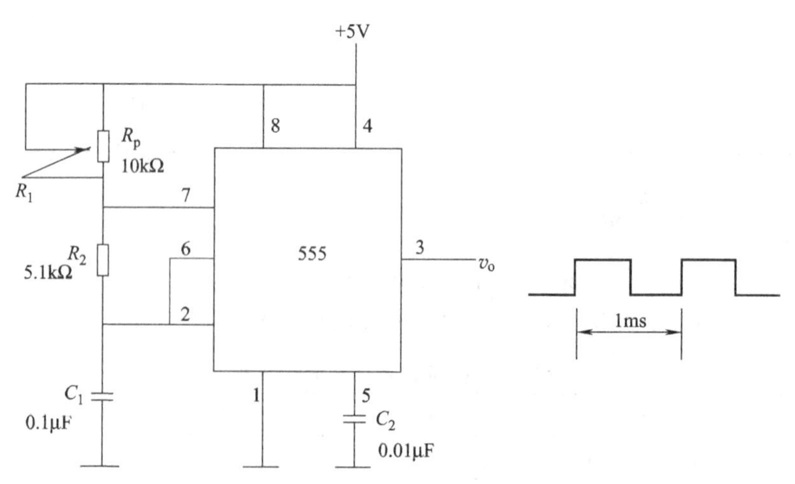

图 2-19　情境电路振荡器电路采用的电路形式

【知识链接】

一、触发器

（一）触发器概述

触发器：具有记忆功能的基本逻辑电路，能存储二进制数据信息（数字信息）。

1. 基本特性

① 有两个稳态，可分别用二进制数码 0 和 1 表示，无外触发时可维持稳态。

② 外触发下，两个稳态可相互转换（称翻转），已转换的稳定状态可长期保持下来，这就使得触发器能够记忆二进制信息，常用作二进制存储单元。

③ 有两个输出端，分别用 Q 和$\overline{Q}$表示。

2. 两个稳定状态

通常用 Q 端输出状态来表示触发器的状态。

1 状态：$Q=1$、$\overline{Q}=0$，与二进制数码的 1 对应。

0 状态：$Q=0$、$\overline{Q}=1$，与二进制数码的 0 对应。

按逻辑功能不同有 RS 触发器、D 触发器、JK 触发器、T 触发器等。对使用者来说，应主要了解各种触发器的逻辑功能和特点，而内部电路结构只作一般了解。本情境电路只介绍基本 RS 触发器和 JK 触发器的逻辑功能。

（二）基本 RS 触发器

1. 基本 RS 触发器电路结构

电路组成及逻辑符号如图 2-20 所示，由两个与非门输入和输出交叉连接，$\overline{R}_D$为置 0 端（复位端），$\overline{S}_D$置 1 端（置位端），两者均为低电平有效。

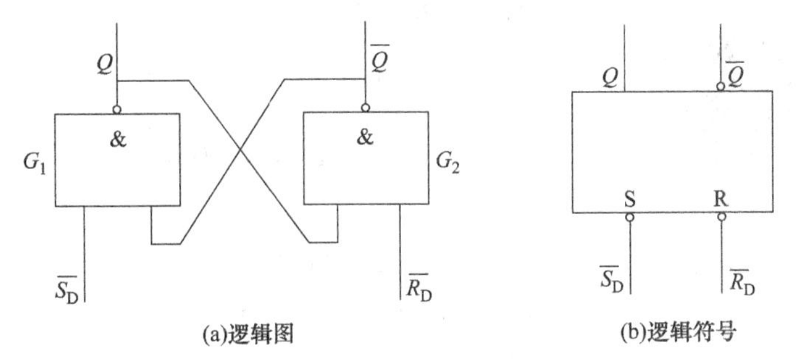

图 2-20　基本 RS 触发器的逻辑图与逻辑符号

2. 基本 RS 触发器逻辑功能

① 当$\overline{R}_D=0$、$\overline{S}_D=1$ 时，触发器置 0。

② 当$\overline{R}_D=1$、$\overline{S}_D=0$ 时，触发器置 1。

③ 当$\overline{R}_D=1$、$\overline{S}_D=1$ 时，触发器保持原状态不变。

若触发器原处于 $Q=0$、$\overline{Q}=1$ 的 0 状态时，电路保持 0 状态不变。

若触发器原处于 $Q=1$、$\overline{Q}=0$ 的 1 状态时，电路保持 1 状态不变。

④ 触发器状态不定。

a. 当$\overline{R}_D=\overline{S}_D=0$ 时，触发器状态不定：输出 $Q=\overline{Q}=1$，这既不是 1 状态，也不是 0 状态。这会造成逻辑混乱。

b. 在$\overline{R}_D$和$\overline{S}_D$同时由 0 变为 1 时，由于 G_1 和 G_2 电气性能（延迟时间）上的差异，其输出状态无法预知，可能是 0 状态，也可能是 1 状态。

由于上述两种情况均不允许发生，所以产生了基本 RS 触发器有约束条件：$\overline{R}_D+\overline{S}_D=1$。

3. 特性表

反映触发器次态 Q^{n+1} 与输入信号和电路原有状态（现态）之间关系的表格，称为特性表，见表 2-9。

表 2-9 基本 RS 触发器特性表

$\overline{R}_D$	$\overline{S}_D$	Q^n	Q^{n+1}	说 明
0 0	0 0	0 1	× ×	触发器状态不定
0 0	1 1	0 1	0 0	触发器置 0
1 1	0 0	0 1	1 1	触发器置 1
1 1	1 1	0 1	0 1	触发器保持原状态不变

表中 Q^n 称为现态，是指触发器输入信号（$\overline{R}_D$、$\overline{S}_D$端）变化前的状态；而 Q^{n+1} 称为次态，是指触发器输入信号变化后的状态。

（三）集成 JK 触发器

集成 JK 触发器 74LS112 是双 JK 触发器，属下降沿触发的边沿触发器。实物图、引脚排列图及逻辑符号如图 2-21 所示，其逻辑功能见表 2-10。

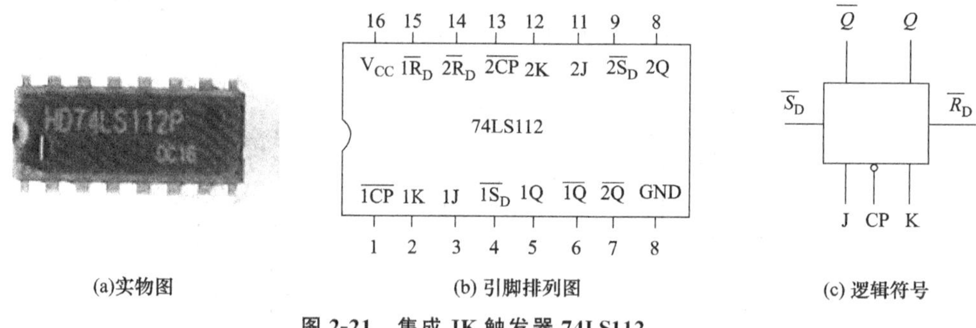

(a)实物图 (b)引脚排列图 (c)逻辑符号

图 2-21 集成 JK 触发器 74LS112

表 2-10 74LS112 逻辑功能

输入					输出		逻辑功能
$\overline{R}_D$	$\overline{S}_D$	CP	J	K	Q^n	Q^{n+1}	
0	1	×	×	×	×	0	异步置 0
1	0	×	×	×	×	1	异步置 1
1	1	↓	0	0	0	0	保持
1	1	↓	0	0	1	1	
1	1	↓	0	1	0	0	置 0
1	1	↓	0	1	1	0	
1	1	↓	1	0	0	1	置 1
1	1	↓	1	0	1	1	
1	1	↓	1	1	0	1	翻转
1	1	↓	1	1	1	0	

二、555 定时器

555 定时器是一种能产生时间延迟和多种脉冲信号的数字、模拟混合型中规模集成电路，由于内部电压标准使用了三个 5kΩ 电阻，故取名 555 电路。其电路类型有双极性和 CMOS 型两大类，两者的结构和工作原理类似，逻辑功能和引脚排列完全相同，易于互换。其中双极型产品型号最后数码为 555，CMOS 型产品型号最后数码为 7555，555 定时器的实物图、引脚排列图及内部原理图如图 2-22 所示。

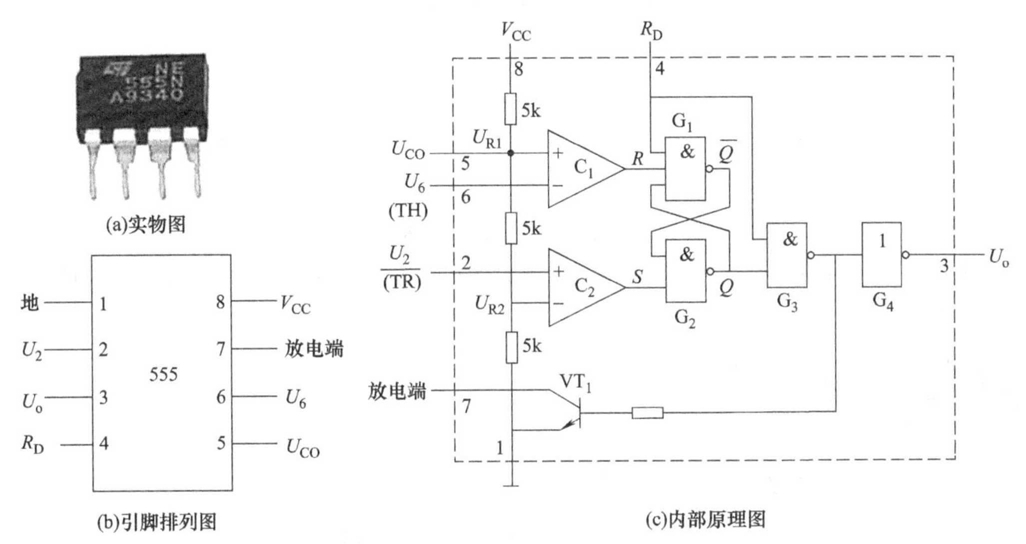

图 2-22　555 定时器实物图、引脚排列图及内部原理图

555 定时器逻辑功能见表 2-11。

表 2-11　555 定时器逻辑功能

R_D	U_6(TH)	$U_2(\overline{TR})$	U_o	V_1
0	×	×	0	导通
1	$<2/3V_{CC}$	$<1/3V_{CC}$	1	截止
1	$>2/3V_{CC}$	$>1/3V_{CC}$	0	导通
1	$<2/3V_{CC}$	$>1/3V_{CC}$	不变	不变

三、多谐振荡器

任务电路要求产生 1kHz 的脉冲信号，此信号的产生可通过由 555 定时器构成的多谐振荡器来完成。多谐振荡器也称为无稳态触发器，它没有稳定状态，不需外加触发信号，就能输出一定频率的矩形脉冲（自激振荡）。用 555 定时器实现多谐振荡器，需要外接电阻和电容，并外接+5V 的直流电源，电路如图 2-19 所示，调节电路中元件参数，就可以产生时钟周期为 1ms 的方波信号，情境电路中可以利用这种 1kHz 脉冲信号作为秒脉冲来触发集成计数器，从而完成计数功能。一般来说，振荡器的频率越高，计时精度越高。

1kHz 脉冲信号的实现如下。

555 定时器的脉冲时间是由 RC 充放电确定的。根据三要素公式：

$$V_{C_1}(t)=V_{C_1}(\infty)+[V_{C_1}(0+)-V_{C_1}(\infty)]e^{-\frac{t}{RC_1}}$$

充电过程的方程式：

$$\frac{2}{3}V_{CC}=V_{CC}+(\frac{1}{3}V_{CC}-V_{CC})e^{-\frac{t_1}{RC_1}}$$

充电时间：

$$t_1=(R_1+R_2)C_1\ln 2=0.7(R_1+R_2)C_1$$

放电过程的方程式：

$$\frac{1}{3}V_{CC}=0+(\frac{2}{3}V_{CC}-0)e^{-\frac{t_2}{RC_1}}$$

放电时间：

$$t_2=R_2C_1\ln 2=0.7R_2C_1$$

总时间：

$$t=t_1+t_2=\frac{1}{f}$$

频率：

$$f=\frac{1}{t}=\frac{1}{0.7(R_1+2R_2)C_1}=\frac{1.43}{(R_1+2R_2)C_1}$$

任务电路中可首先确定 $C_1=0.1\mu F$，$R_2=5.1k\Omega$，而输出频率要求需要 $f=1kHz$，经计算确定电阻 $R_1=4.1k\Omega$。

【任务实施及考核】

① 用万用表对振荡器中的电阻进行检测。

a. 固定电阻的测量及质量判断，填写表 2-12。

表 2-12　固定电阻的测量及质量判断

元件序号	标称阻值	实测阻值	质量判断
R_2			

b. 可调电位器 R_p 的测量和质量判断，填写表 2-13。

表 2-13　可调电位器 R_p 的测量和质量判断

元件序号	固定端之间阻值	指针偏转是否连续	质量判断
R_p			

② 用万用表对电容器进行测量和判断，填写表 2-14。

表 2-14　用万用表对电容器进行测量和判断

元件序号	万用表挡位	指针偏转角度	漏电电阻	实测电容值	质量判断
C_1					
C_2					

a. 用指针式万用表测量电容器的漏电电阻。

b. 用数字式万用表实测电容器容量。

c. 综合各项测量值判断电容器的质量。

d. 对估测电容值和实测电容值进行比较，总结估测电容的经验。

③ 用万用表测试 555 的性能。

a. 555 芯片静态功耗的测试。静态功耗就是指电路无负载时的功耗。用万用表的直流电压 50 V 挡测出 V_{CC} 值（按厂家测试条件 $V_{CC}=15V$），再用万用表的直流电流 10mA 挡串入电源与 555 的 8 脚之间，测得的数值即为静态电流，用静态电流乘以电源电压即为静态功耗。通常，静态电流小于 8mA 为合格。测试方法如图 2-23 所示。

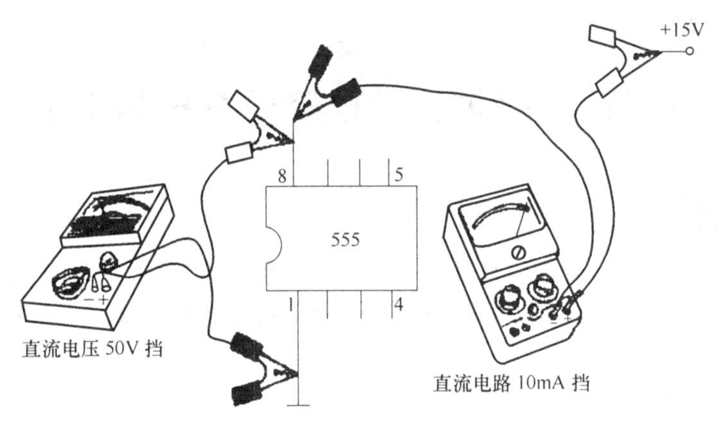

图 2-23　555 芯片静态功耗的测试

b. 555 芯片的输出电平测试方法。在 555 的输出端接万用表（将量程开关拨至直流电压 50 V 挡）。断开开关 S 时，555 的 3 脚输出高电平，万用表测得其值大于 14 V；闭合 S 时，555 的 3 脚输出低电平（0V）。测试方法如图 2-24 所示。

c. 555 芯片输出电流的测试。在 555 的 2 脚加一个低于 $V_{CC}/3$（即 $1/3\times15V=5V$）的低电位，也可用一只阻值为 100kΩ 的电阻器将 555 的 2 脚与 1 脚碰一下，这时万用表显示的即为输出电流；然后还用这只电阻器，将 555 的 6 脚与 8 脚碰一下，若此时万用表的显示为零，则表明 555 时基电路可靠截止。进行以上操作时，将万用表的量程开关拨至电流 1000mA 挡。测试方法如图 2-25 所示。

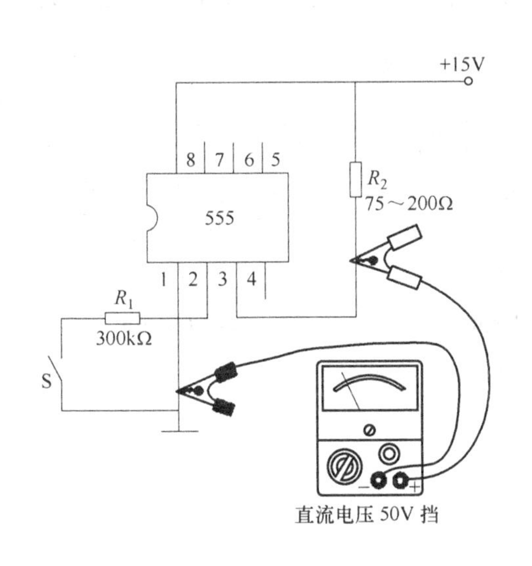

图 2-24　555 芯片输出电平的测试

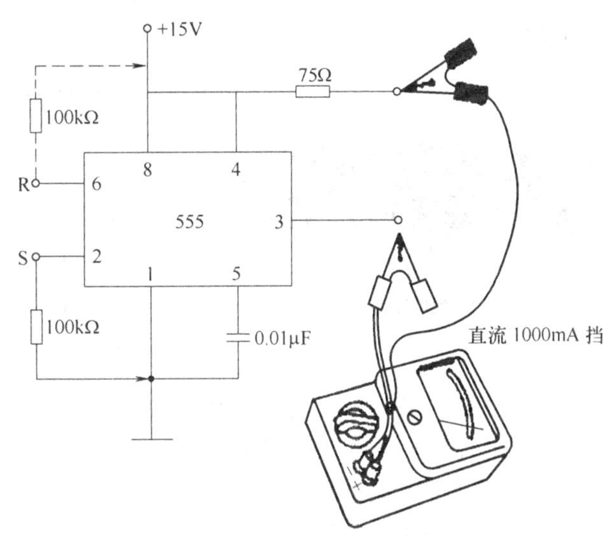

图 2-25　555 芯片输出电流的测试

④ 任务电路。

a. 画逻辑电路图。

b. 分析工作过程。

c. 完成任务电路输出信号的频率计算。

d. 根据任务电路频率要求，选择元器件。

⑤ 组装任务电路，测试输出信号频率。

⑥ 收获、体会与建议。

任务四　时钟计数电路的分析与组装

【任务描述】

能够正确分析任务电路中秒、分计数器和小时计数器的逻辑功能，并且在给定芯片的情况下设计其他进制关系，最后根据布线要求在印制电路板上组装时钟计数电路的部分。

【知识链接】

一、集成计数器

1. 计数器基础知识

计数在数字系统中主要是对脉冲的个数进行记忆，而计数器就是用来统计输入时钟 CP 个数的电路，计数器累计输入脉冲的最大数目称为计数器的模，用 M 表示，如十二进制计数器又可称为模 12 计数器，简称 $M=12$。

计数器按计数进制不同，可分为二进制计数器、十进制计数器和 N 进制计数器；按计数单元中各触发器在时钟信号作用下是否同时触发，可分为异步计数器和同步计数器两大类；按计数过程中递增还是递减进行分类，可分为加法计数器、减法计数器和可逆计数器。

2. 集成计数器 74LS160

任务电路中完成秒、分和小时的计数逻辑功能的芯片是 74LS160，其实物图、引脚排列图和逻辑功能图如图 2-26 所示。

(a) 实物图

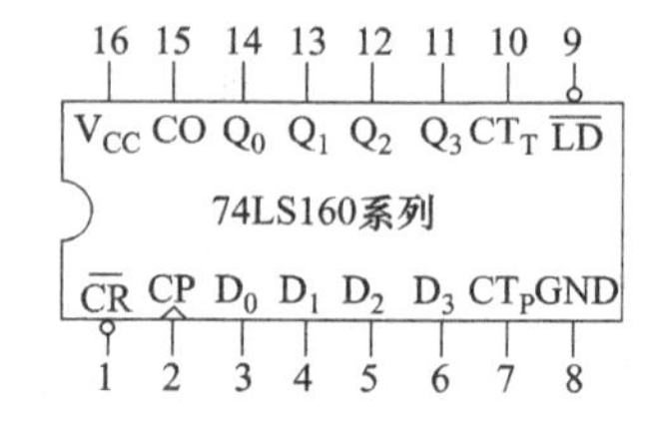

(b) 引脚排列图

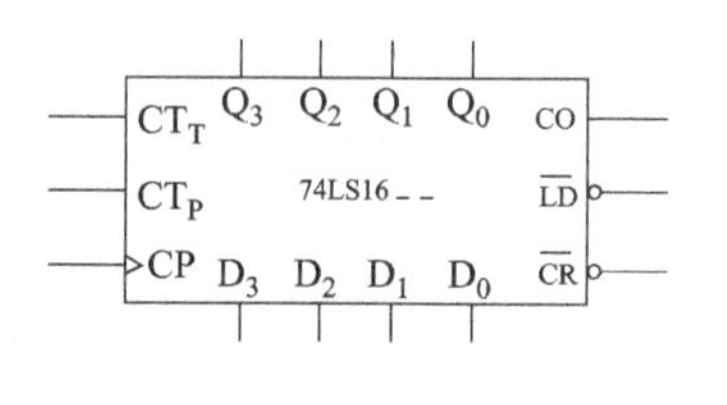

(c) 逻辑功能图

图 2-26　集成计数器 74LS160

CP——时钟脉冲输入端。

CT_T、CT_P——计数控制端。

CO——进位输出端。

$\overline{CR}$——置零端。

$\overline{LD}$——置数端。

D_0、D_1、D_2、D_3——置数数据输入端。

Q_0、Q_1、Q_2、Q_3——数据输出端。

(1) 异步清零功能　当 $\overline{CR}=0$ 时，不管其他输入端的状态如何（包括时钟信号 CP），计数器输出将被直接置零，称为异步清零。

(2) 同步并行预置数　在 $\overline{CR}=1$ 的条件下，当 $\overline{LD}=0$、且时钟脉冲 CP 上升沿作用，D_0、D_1、D_2、D_3 输入端的数据将分别被 Q_0、Q_1、Q_2、Q_3 所接收。由于这个置数操作要与

CP 上升沿同步，且 D_0、D_1、D_2、D_3 的数据同时置入计数器，所以称为同步并行预置数。

（3）保持　在$\overline{CR}=\overline{LD}=1$的条件下，当 $CT_T=CT_P=0$，即两个计数控制端中有 0 时，不管有无 CP 脉冲作用，计数器都将保持原有状态不变（停止计数）。需要说明的是，当 $CT_P=0$、$CT_T=1$ 时，进位输出 CO 也保持不变；而当 $CT_T=0$ 时，不管 CT_P 状态如何，进位输出 CO=0。

（4）计数　当$\overline{CR}=\overline{LD}=CT_P=CT_T=1$时，74LS160 处于计数状态，电路从 0000 状态开始，连续输入 10 个计数脉冲后，电路将从 1001 状态返回到 0000 状态，同时 CO 进位输出端从高电平跳变至低电平。

74LS160 逻辑功能见表 2-15。

表 2-15　74LS160 逻辑功能

CP	$\overline{CR}$	$\overline{LD}$	CT_P	CT_T	工作状态
×	0	×	×	×	置 0(异步)
↑	1	0	×	×	预置数(同步)
×	1	1	0	1	保持(包括 CO)
×	1	1	×	0	保持(CO=0)
↑	1	1	1	1	计数

二、利用集成计数器实现 *N* 进制计数功能

1. 反馈归零法

利用计数器的置零功能构成 *N* 进制计数器。由于集成计数器的置零有异步和同步两种，因此，利用这两种置零功能构成 *N* 进制计数器的方式也有区别。

（1）异步置零功能构成 *N* 进制计数器　由于异步置零与时钟脉冲 CP 无关，只要异步置零控制端出现置零信号，计数器立即返回 0 状态。因此，利用异步置零功能构成 *N* 进制计数器时，应从 0 开始计数，在输入第 *N* 个计数脉冲 CP 后，通过反馈控制电路产生一个置零信号加到异步置零控制端上，使计数器置零，回到初始 0 状态，从而实现 *N* 进制计数功能。所以，利用异步置零功能构成 *N* 进制计数器时，应根据输入第 *N* 个计数脉冲后的计数器状态来写反馈归零函数。

步骤如下。

① 写出状态 S_N 的二进制代码（排列顺序 $Q_3^{n+1}\ Q_2^{n+1}\ Q_1^{n+1}Q_0^{n+1}$）。

② 写出反馈归零函数$\overline{CR}$的表达式。

③ 画出逻辑图（根据反馈归零函数画逻辑图，并行数据输入端 $D_0\sim D_3$ 可接任意数据）。

（2）同步置零功能构成 *N* 进制计数器　和异步置零不同，同步控制端获得置零信号后，计数器并不能返回 0 状态，还需再输入一个计数脉冲 CP，计数器才被置零。因此，利用同步置零功能构成 *N* 进制计数器时，应根据输入第 $N-1$ 个计数脉冲 CP 后计数器的状态写反馈归零函数，这样，在输入第 *N* 个计数脉冲 CP 后，计数器才被置零，回到初始的 0 状态，从而实现了 *N* 进制计数。

步骤如下。

① 写出状态 S_{N-1}的二进制代码（排列顺序 $Q_3^{n+1}\ Q_2^{n+1}\ Q_1^{n+1}Q_0^{n+1}$）。

② 写出反馈归零函数$\overline{CR}$的逻辑表达式。

③ 画出逻辑图（根据反馈归零函数画逻辑图，并行数据输入端 $D_0\sim D_3$ 可接任意数据）。

例如：用 74LS160 和与非门组成六进制加法计数器（用反馈归零法设计）。

74LS160 是异步清零从 0000 状态开始计数，当输入第 6 个 CP 脉冲（上升沿）时，输出 $Q_3Q_2Q_1Q_0=0110$（状态图见图 2-27），此时$\overline{CR}=\overline{Q_3Q_0}=0$，反馈给$\overline{CR}$端一个清零信号，立即使 $Q_3Q_2Q_1Q_0$ 返回 0000 状态，接着，$\overline{CR}$端的清零信号也随之消失，74LS160 重新从 0000 状态开始新的计数周期。

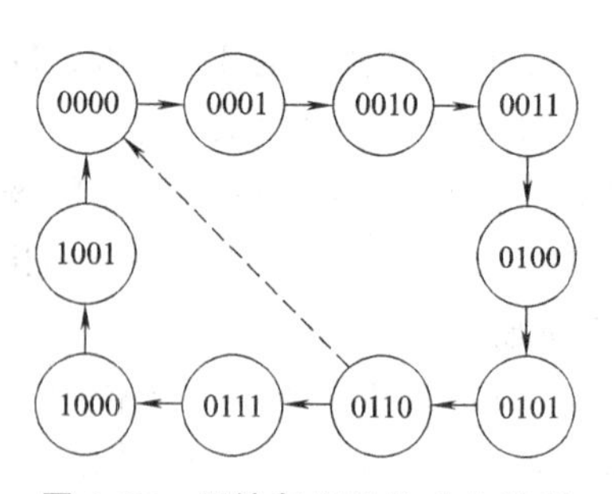

图 2-27　反馈归零法构成六进制计数器的状态图

反馈归零逻辑为$\overline{CR}=\overline{Q_2^nQ_1^n}$。

电路如图 2-28 所示，给 2 管脚加矩形波，看数码管显示结果，并记录显示结果。

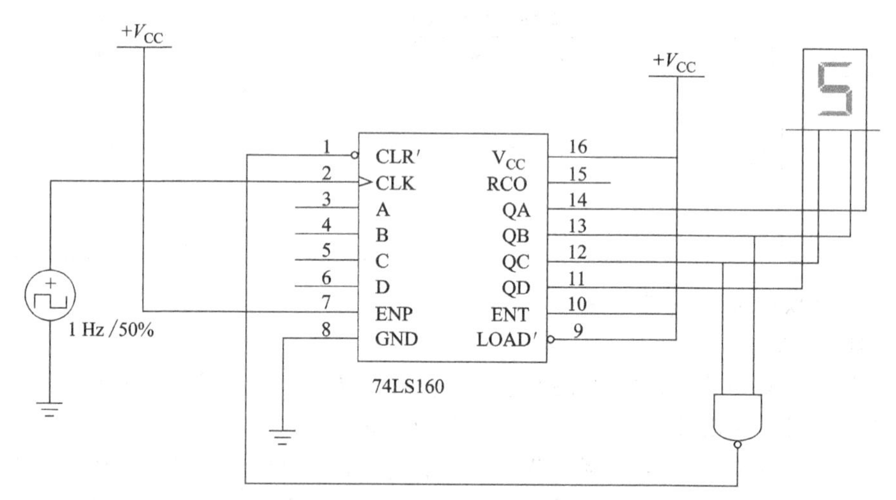

图 2-28　74LS160 反馈归零法构成六进制计数器

2. 反馈置数法

利用计数器的置数功能也可构成 N 进制计数器，但其并行数据输入端必须接计数起始数据。集成计数器的置数也有异步和同步之分，利用这两种置数功能构成 N 进制计数器的方法和用异步置零、同步置零功能构成 N 进制计数器的方法基本相同。

（1）异步置数功能构成 N 进制计数器　和异步置零一样，异步置数与时钟脉冲 CP 也没有关系，只要异步置数端出现置数信号时，并行数据输入端输入的数据被立即置入计数器。因此，利用异步置数控制端构成 N 进制计数器时，应在输入第 N 个计数脉冲 CP 后，通过反馈控制电路产生一个置数信号加到置数控制端上，使计数器返回到初始的预置状态，从而实现了 N 进制计数。所以，利用异步置数功能构成 N 进制计数器时，应根据输入第 N 个计数脉冲 CP 后计数器的状态写反馈指数函数。

步骤如下。

① 写出状态 S_N 的二进制代码（排列顺序 $Q_3{}^{n+1}Q_2{}^{n+1}Q_1{}^{n+1}Q_0{}^{n+1}$）。

② 写出反馈置数函数$\overline{LD}$的逻辑表达式。

③ 画出逻辑图（根据反馈置数函数画逻辑图，并行数据输入端 $D_0 \sim D_3$ 接入计数起始数据）。

（2）同步置数功能构成 N 进制计数器　由于同步置数控制端获得置数信号时，并行数据输入端输入的数据并不能置入计数器。这时，还需再输入一个计数脉冲，这些数据才能被置入计数器。因此，利用同步置数功能构成 N 进制计数器时，应根据输入第 $N-1$ 个计数脉冲后计数器的状态写反馈置数函数。这样，在输入第 N 个计数脉冲 CP 时，计数器便返回到初始的预置状态，从而实现了 N 进制计数。

具体步骤总结如下。

① 写出状态 S_{N-1} 的二进制代码（排列顺序 $Q_3{}^{n+1}Q_2{}^{n+1}Q_1{}^{n+1}Q_0{}^{n+1}$）。

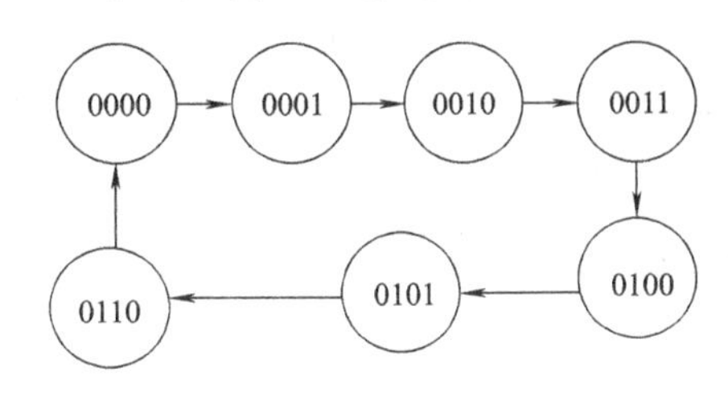

图 2-29 同步置数法构成七进制计数器的状态图

② 写出反馈置数函数$\overline{LD}$的逻辑表达式。

③ 画出逻辑图（根据反馈置数函数画逻辑图，并行数据输入端 $D_0 \sim D_3$ 接入计数起始数据）。

当计数器的计数容量较大时，可采用多片集成计数器进行级联，上述反馈归零法和反馈置数法同样适用。

例如：74LS160 和与非门组成七进制加法计数器，要求用同步置数法设计。

计数器 $D_3D_2D_1D_0=0000$ 开始计数，当第 6 个 CP 到达后，计到 0110，如图 2-29 所示，此时 $\overline{LD}=\overline{Q_2Q_1}=0$，并不能立即清零，而是要等第 7 个脉冲上升沿到来后，计数器被置成 0000。不会像用异步清零端那样出现 0110 过渡状态，这是与用异步清零端的差别。用同步清零端设计计数器如图 2-30 所示，如$\overline{LD}=\overline{Q_2^nQ_1^n}$，则为七进制计数器。

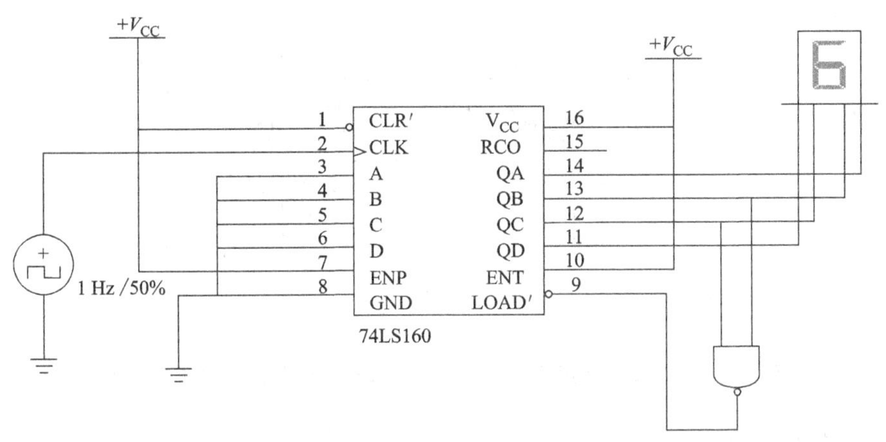

图 2-30 74LS160 构成七进制计数器

3. 计数器的级联使用

若所要求的进制已超过 10，则可通过几个 74LS160 进行级联来实现，在满足计数条件的情况下有如下方法。

（1）同步级联法　在 CP 同步作用下，只是把第一级的进位输出 CO 接到下一级的计数控制端即可，平时 CO=0 则计数器（2）不能工作，当第一级计满时，CO=1，最后一个 CP 使计数器（1）清零，同时计数器（2）计一个数，这种接法速度不快，不论多少级相联，CP 的脉宽只要大于每一级计数器延迟时间即可。其框图如图 2-31 所示。

（2）异步级联法　把第一级的进位输出端 CO 接到下一级的 CP 端，平时 CO=0 则计数器（2）因没有计数脉冲而不能工作，当第一级计满时，CO=1，计数器（2）产生第一个脉冲，开始计第 1 个数，这种接法速度慢，若多级相连，其总的计数时间为各个计数器延迟时间之和。其框图如图 2-32 所示。

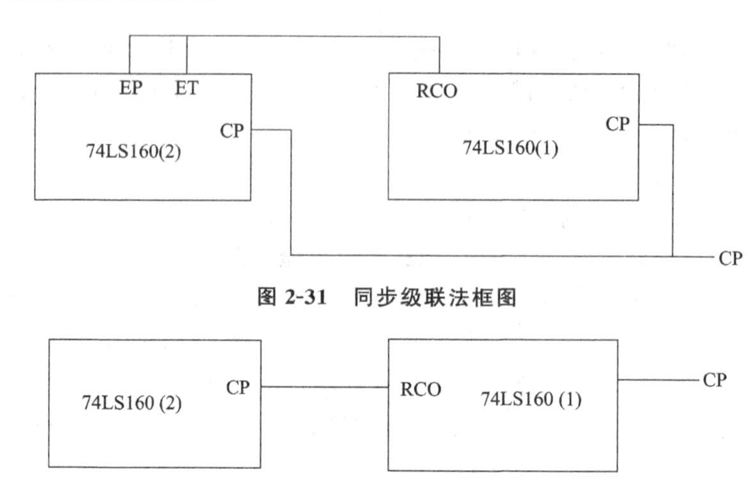

图 2-31 同步级联法框图

图 2-32 异步级联法框图

例如：用 74LS160 构成二十九进制计数器见图 2-33、图 2-34。

方法一：反馈归零法。

① 写出 S_{29}个位和十位的二进制代码 $S_{29}=00101001$。

② 写出反馈归零函数$\overline{CR}=\overline{Q_1' Q_3 Q_0}$。

③ 画逻辑图，如图 2-33 所示。

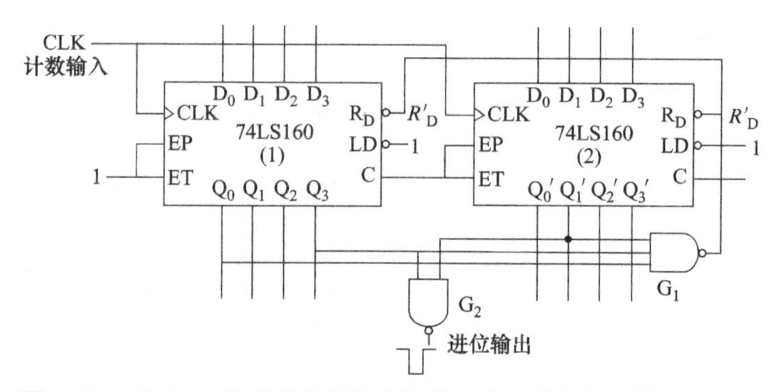

图 2-33 74LS160 利用反馈归零法构成二十九进制计数器的连线图

方法二：反馈置数法。

① 写出 $S_{29-1}=S_{28}$个位和十位的二进制代码 $S_{28}=00101000$。

② 写出反馈置数函数$\overline{LD}=\overline{Q_1' Q_3}$。

③ 画逻辑图，取 $D_3D_2D_1D_0=0000$，逻辑图如图 2-34 所示。

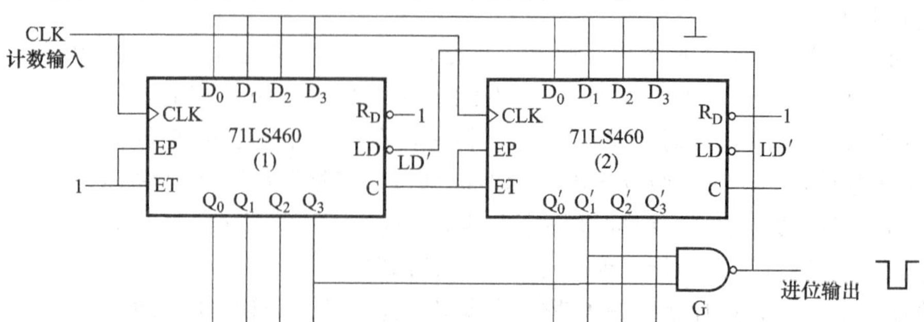

图 2-34 74LS160 利用反馈置数法构成二十九进制计数器的连线图

【任务实施及考核】

① 74LS160 功能测试。74LS160 的引脚排列图如图 2-26（b）所示。自行拟定测试方法，画出测试接线图，按芯片引脚分别接线测试上述功能并填入表 2-16。

表 2-16　74LS160 功能测试

CP	$\overline{CR}$	$\overline{LD}$	CT_P	CT_T	输入 $D_3D_2D_1D_0$	输出 $Q_3Q_2Q_1Q_0$	功能总结
×	0	×	×	×	× × × ×		
↑	1	0	×	×	d c b a		
	1	1	1	1	× × × ×		
×	1	1	0	1	× × × ×		
×	1	1	×	0	× × × ×		

实验方法提示：手动脉冲动态测试法，在 CP 端输入手动脉冲，Q_3、Q_2、Q_1、Q_0 端依次自左至右分别接数字电路实验箱电平；显示器的 4 个发光二极管的插孔，在脉冲作用下，四只 LED 应按四位二进制的规律发光，观察 Q_3、Q_2、Q_1、Q_0 发光情况。

② 单元电路分析。

a. 秒、分计数器设计如图 2-35 所示，分析逻辑功能。

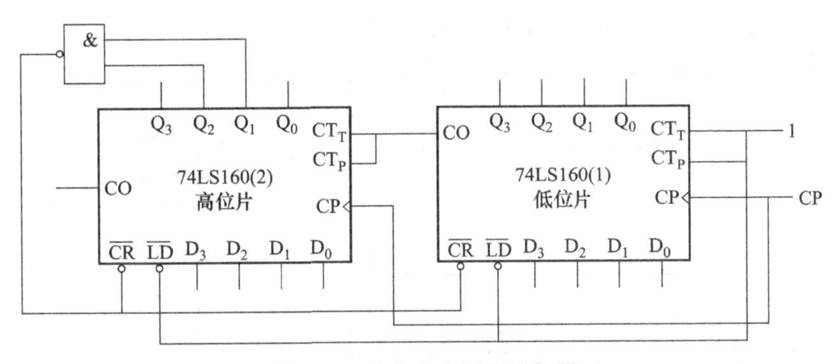

图 2-35　秒分六十进制计数器

b. 小时计数器设计如图 2-36 所示，分析逻辑功能。

c. 元器件的选择。

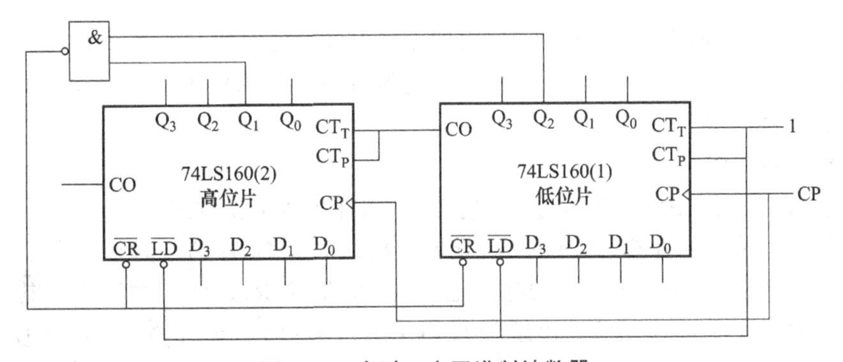

图 2-36　小时二十四进制计数器

d. 画出完整秒分时计数器的电路图，电路图上要标出元器件的型号。

③ 完成任务电路组装。

④ 收获、体会与建议。

任务五　分频、校时电路的分析与组装

【任务描述】

熟悉分频、校时电路在情境电路中所起的作用，能够正确分析任务电路中分频、校时电路的逻辑工作过程，最后根据布线要求在印制电路板上组装时钟分频、校时电路部分。

【知识链接】

一、分频芯片 74LS90

1. 74LS90 的逻辑功能

74LS90 的引脚排列图和逻辑符号如图 2-37 所示。74LS90 具有异步清零和异步置九功能。有两个清零端 R0（1）和 R0（2），两个置 9 端 R9（1）和 R9（2），74LS90 当 R0 全是高电平，R9 至少有一个为低电平时，实现异步清零。当 R0 至少有一个低电平，R9 全是高电平时，实现异步置九。当 R0、R9 为低电平时，实现计数功能。

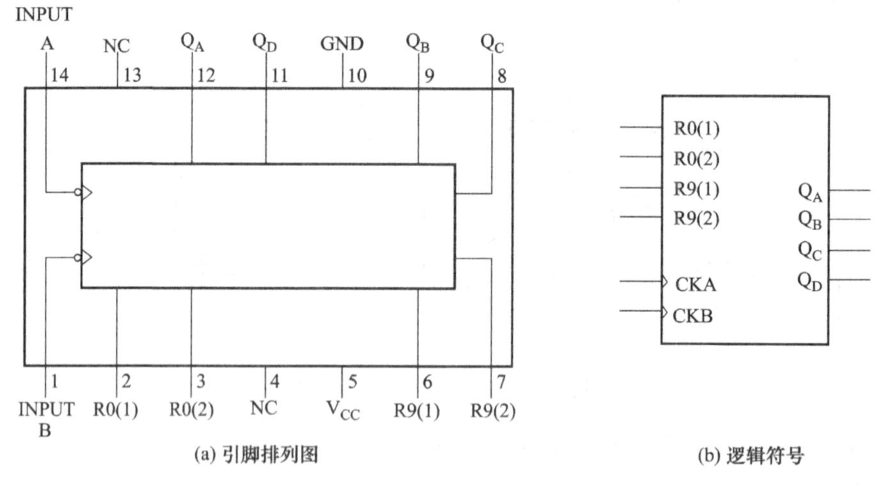

(a) 引脚排列图　　(b) 逻辑符号

图 2-37　74LS90 引脚排列及逻辑符号

74LS90 的逻辑图如图 2-38 所示，它由四个主从 JK 触发器和一些附加门电路组成，整个电路可分为两部分，其中 FA 触发器构成二进制计数器；FD、FC、FB 构成异步五进制计数器。其逻辑功能表见表 2-17。

2. 74LS90 的工作方式

五分频：即由 FD、FC、FB 构成的异步五进制计数器工作方式。

十分频（8421 码）：将 Q_A 与 CKB 连接，可构成 8421BCD 码十分频电路。

六分频：在十分频（8421 码）的基础上，将 Q_B 端接 R1，Q_C 端接 R2，其计数顺序为 000～101，当第六个脉冲作用后，出现状态 $Q_CQ_BQ_A=110$，利用 $Q_CQ_B=11$ 反馈到 R2 和 R1 的方式使电路置零。

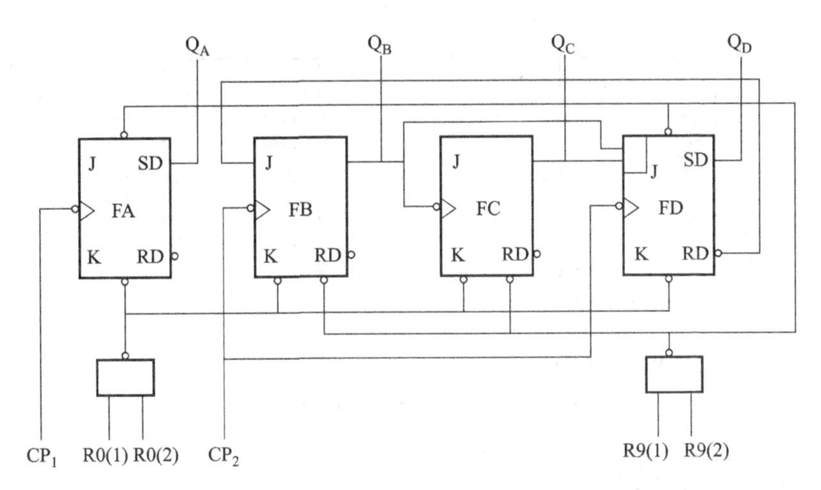

图 2-38　74LS90 逻辑图

表 2-17　74LS90 逻辑功能

复位输入				输　出			
R0(1)	R0(2)	R9(1)	R9(2)	Q_D	Q_C	Q_B	Q_A
H	H	L	×	L	L	L	L
H	H	×	L	L	L	L	L
×	×	H	H	H	L	L	H
×	L	×	L	计数			
L	×	L	×	计数			
L	×	×	L	计数			
×	L	L	×	计数			

注：1. 表中 H 代表高电平，L 代表低电平，×代表不定。
2. 构成 8421BCD 码（十进）计数器，将输出 Q_A 连到输入 B 计数。
3. 构成 5421BCD 码计数器，将输出 Q_D 连到输入 A 计数。

九分频：Q_A 接 R1，Q_D 接 R2，构成原理同六分频。

十分频（5421 码）：将五进制计数器的输出端 Q_D 与二进制计数器的脉冲输入端 CKA 连接，即可构成 5421 码十分频工作方式。

由功能表可分析出 74LS90 是二-五-十进制计数器，它有两个时钟输入端 CKA 和 CKB。其中，CKA 和 Q_A 组成一位二进制计数器；CKB 和 $Q_DQ_CQ_B$ 组成五进制计数器；若将 Q_A 与 CKB 相连从 CKA 输入计数脉冲其输出 Q_D、Q_C、Q_B、Q_A 便成为 8421 码十进制计数器；若将 Q_D 与 CKA 相连，从 CKB 输入计数脉冲其输出 Q_D、Q_C、Q_B、Q_A 便成为 5421 码十进制计数器，如图 2-39 所示。

二、校时电路

校时电路是数字钟不可缺少的部分，每当数字钟与实际时间不符时，需要根据标准时间进行校时。当数字钟接通电源或者计时出现错误时，需要校正时间，校时是数字钟应具备的基本功能。由于电路简单，只对时和分进行校时。

对校时电路的要求是：在小时校正时不影响分和秒的正常计数；在分校正时不影响秒和小时的正常计数。

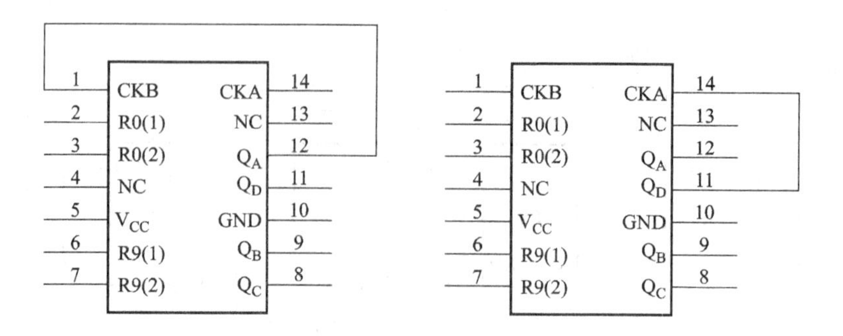

(a) 8421BCD 码十进制　　(b) 5421BCD 码十进制

图 2-39　74LS90 构成十进制计数器

【任务实施及考核】

① 用万用表对校时电路中的电阻进行检测，填写表 2-18。

表 2-18　固定电阻的测量及质量判断

元件序号	标称阻值	实测阻值	质量判断
R_1			
R_2			

② 用万用表对电容器进行测量和判断，填写表 2-19。

a. 用指针式万用表测量电容器的漏电电阻。

表 2-19　电容器的测量及质量判断

元件序号	万用表挡位	指针偏转角度	漏电电阻	实测电容值	质量判断
C_1					
C_2					

b. 用数字式万用表实测电容器容量。

c. 综合各项测量值判断电容器的质量。

d. 对估测电容值和实测电容值进行比较，总结估测电容的经验。

③ 分析分频电路工作过程（见图 2-40）。

④ 分析校时电路工作过程（见图 2-41）。

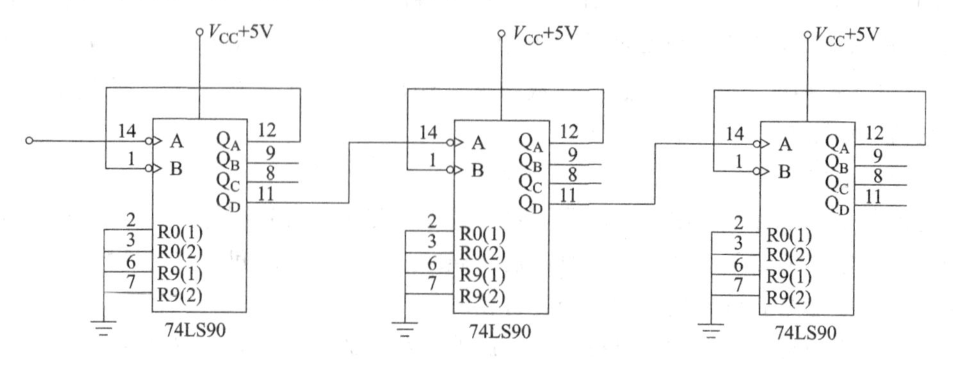

图 2-40　分频电路

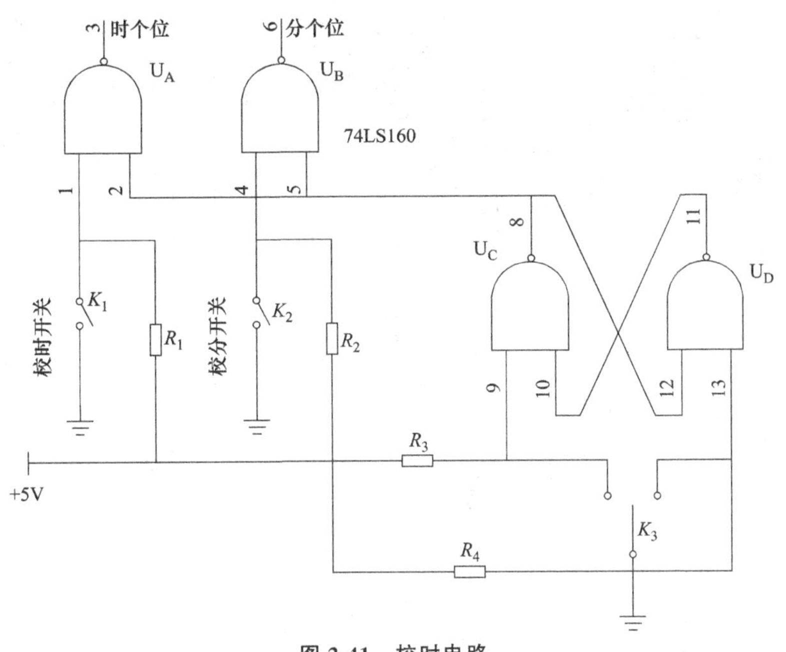

图 2-41　校时电路

⑤ 任务电路组装。

⑥ 收获、体会与建议。

任务六　整机调试与故障排除

【任务描述】

整体电路安装完毕，用万用表检查电路无短路、断路现象后，再进行调试。发现问题，找出原因，排除故障。

【知识链接】

一、数字钟的调试

1. 通电前的直观检查

对照电路图（见图 2-42）和实际线路检查连线是否正确，包括错接、少接、多接等；用万用表电阻挡检查焊接和接插是否良好，元器件引脚之间有无短路，连接处有无接触不良，二极管、三极管、集成电路和电解电容的极性是否正确；电源供电包括极性、信号源连线是否正确，电源端对地是否存在短路（用万用表测量电阻）。若电路经过上述检查确认无误后，可转入静态检测和调试。

2. 静态检测与调试

断开信号源，把经过准确测量的电源接入电路，用万用表电压挡检测电源电压，观察有无异常现象，如冒烟、异常气味、手摸元器件发烫、电源短路等。如发现异常情况，应立即切断电源，排除故障。如无异常情况，再分别测量各关键点直接电压，数字钟电路各输入端和输出端的高、低电平值及逻辑关系等，如不符，则调整电路元器件参数、更换元器件等。若电路经过上述调试确认无误后，就转入动态检测与调试。

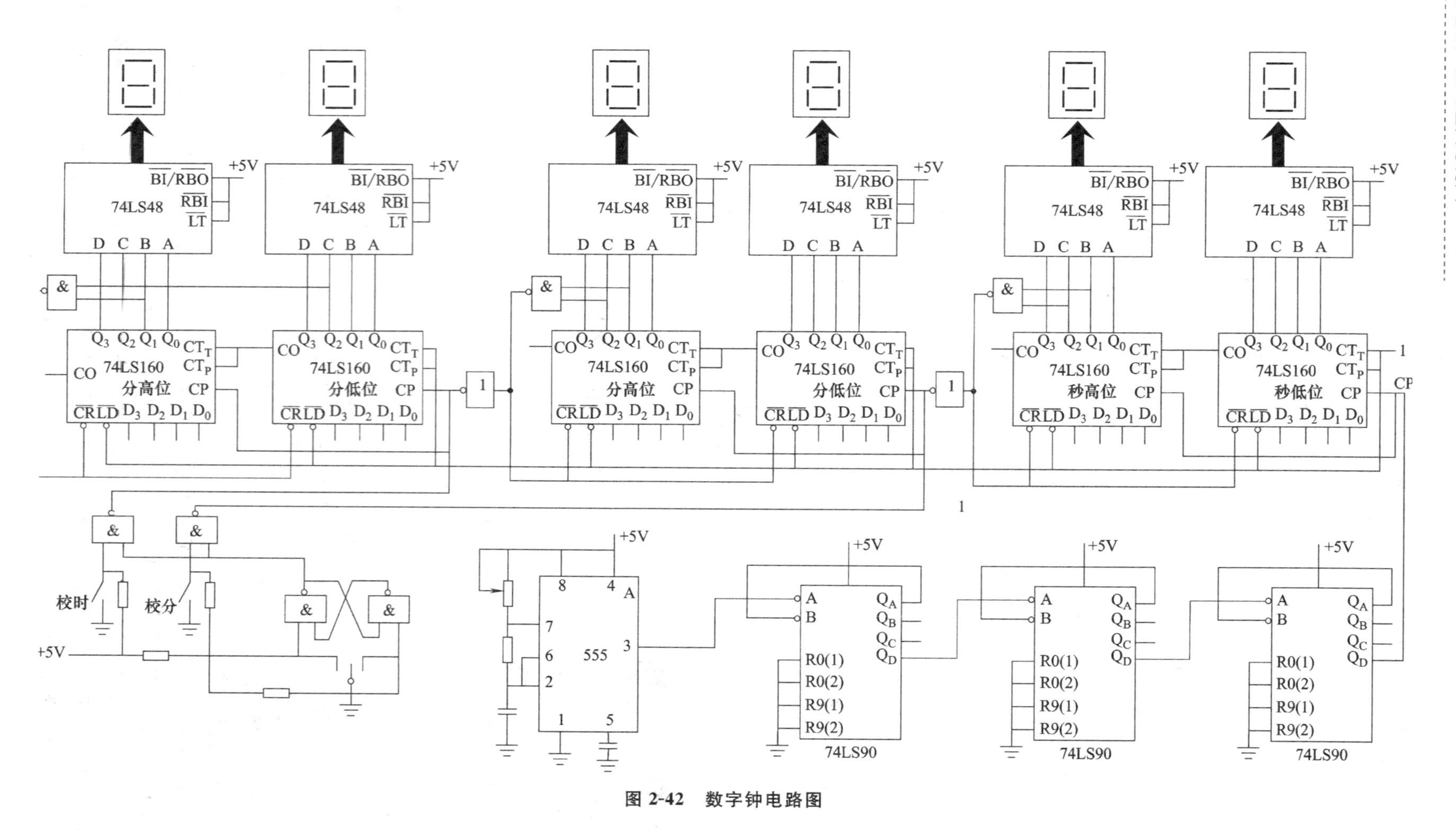
74LS48
BI/RBO
RBI
LT
+5V
74LS160
分高位
分低位
秒高位
秒低位
CO
CT_T
CT_P
CP
CR
LD
74LS90
R0(1)
R0(2)
R9(1)
R9(2)
555
校时
校分
&
1

图 2-42 数字钟电路图

3. 动态检测与调试

动态检测与调试的方法是在数字钟电路的输入端加入信号发生器，再通过输入标准的脉冲信号来依次检测各关键点的波形、参数和性能指标是否满足要求，如果不满足，要对电路参数作进一步调整。如发现问题，要找出原因，排除故障，继续进行调试。

4. 调试注意事项

① 正确使用测量仪器的接地端，仪器的接地端与电路的接地端要可靠连接。

② 在信号较弱的输入端，尽可能使用屏蔽线连线，屏蔽线的外屏蔽线要接到公共地线上，在频率较高时，要设法减少连接线分布电容的影响，例如用示波器测量时应该使用示波器探头连接，以减少分布电容的影响。

③ 测量电压所用仪器的输入阻抗必须远大于被测处的等效阻抗。

④ 测量仪器的带宽必须大于被测量电路的带宽。

⑤ 正确选择测量点和测量方式。

⑥ 认真观察、记录测试过程，包括条件、现象、数据、波形、相位等。

⑦ 出现故障时要认真查找原因。

二、数字钟故障分析与排除

1. 数字钟故障的检查方法

数字钟故障的检查方法有直接观察法、静态检查法、信号寻迹法、对比法、部件替换法、旁路法、短路法、断路法、振动加热法等，常用的方法有以下几种。

① 直接观察法和信号检查法：与前面介绍的通电前的直观检查和静态检查相似，只是更有针对性。

② 对比法：将存在问题的电路参数与工作状态和相同的正常电路中的参数（或理论分析和仿真分析的电流、电压、波形等参数）进行对比，判断故障点，找出原因。

③ 部件替换法：用同型号的好部件替换可能存在故障的部件。

④ 振动加热法：有时故障不明显，或时有时无，或要较长时间才能出现，可采用振动加热法，如敲击元件或印制电路板检查接触不良、虚焊等，用加热的方法检查热稳定性差等。

2. 数字钟故障分析举例

【例 1】 数码管不亮。

分析：电源没有接通。

检查方法：用万用表测量。

① 电源回路未接通或者接触不良。

② 数码管公共端未接地。

【例 2】 数码管显示数字乱跳。

分析：总电源过低。

检查方法：万用表测量。

① 印制电路板是否有短路。

② 供电设备发生错误或故障。

【任务实施及考核】

排除调试过程中可能出现的如下故障现象。

1. 振荡器电路

振荡器没有输出脉冲。

振荡频率大于1KHz。

振荡频率小于1KHz。

多谐振荡器被强制停止振荡的原因。

2. 分频电路

分频器未能实现分频。

分频器只实现一次分频。

分频器实现两次分频。

分频器实现分频但不是十分频。

3. 计数电路

计数器无法实现计数。

秒、分计数器只有低位片清零。

时计数器只有高位片清零。

计数器只有低位片计数，高位片不计数。

低位片没有进位信号高位片开始计数。

4. 数码显示电路

译码器无法正常工作。

秒显示位常亮。

数码管无显示。

数码管无法显示0。

测试数码管七段并未全亮。

数码管显示数字乱跳。

译码器有输出数码管无显示。

通电后数字显示始终没有变化。

集成电路发热。

整机工作正常，但整机电流过大。

参 考 文 献

［1］ 邓木生．电子技能训练［M］．北京：机械工业出版社，2009．

［2］ 敖国福等．电子技能与实训［M］．北京：北京邮电大学出版社，2009．

［3］ 马全喜．电子元器件与电子实习［M］．北京：机械工业出版社，2009．

［4］ 李世英等．电子实训基本功［M］．北京：人民邮电出版社，2008．

［5］ 孙余凯等．电子产品制作技术与技能实训教程［M］．北京：电子工业出版社，2006．

［6］ 周良权．模拟电子技术基础［M］．北京：高等教育出版社，2000．

［7］ 于晓光．数字电子技术基础［M］．北京：清华大学出版社，2006．